普通高等教育"十四五"规划教材

无机化学实验

李艳坤　许佩瑶　编著

本书数字资源

北　京

冶金工业出版社

2023

内 容 提 要

本书包括绪论、实验基本操作和数据处理、实验选编（基础实验和综合/设计实验）及附录 4 部分内容。其中，9 个基础实验涵盖了化学热力学、化学动力学、离子平衡、电化学、配位化学、元素化学等无机化学的主要内容，8 个综合/设计实验旨在训练学生综合运用所学到的无机化学知识独立分析和解决实际问题的能力。

本书可作为高等院校化学、化工、环境、材料、石油、生物、医学、食品等专业教学实验用书，也可供其他相关专业使用，并可作为相关科研和工程技术人员的参考用书。

图书在版编目（CIP）数据

无机化学实验/李艳坤，许佩瑶编著 .—北京：冶金工业出版社，2023.10

普通高等教育"十四五"规划教材

ISBN 978-7-5024-9653-1

Ⅰ.①无…　Ⅱ.①李…　②许…　Ⅲ.①无机化学—化学实验—高等学校—教材　Ⅳ.①O61-33

中国国家版本馆 CIP 数据核字（2023）第 195424 号

无机化学实验

出版发行	冶金工业出版社		**电　话**	（010）64027926
地　址	北京市东城区嵩祝院北巷 39 号		**邮　编**	100009
网　址	www.mip1953.com		**电子信箱**	service@ mip1953.com

责任编辑　于昕蕾　美术编辑　吕欣童　版式设计　郑小利
责任校对　葛新霞　责任印制　禹　蕊
三河市双峰印刷装订有限公司印刷
2023 年 10 月第 1 版，2023 年 10 月第 1 次印刷
710mm×1000mm　1/16；7 印张；136 千字；106 页
定价 **29.00** 元

投稿电话　（010）64027932　投稿信箱　tougao@cnmip.com.cn
营销中心电话　（010）64044283
冶金工业出版社天猫旗舰店　**yjgycbs.tmall.com**
（本书如有印装质量问题，本社营销中心负责退换）

前　　言

　　无机化学实验是高等院校化学、化工、应用化学、环境工程、环境科学、材料、能源、石油、生物、医药、食品等专业的一门重要基础实验课。本教材是为了进一步贯彻教育部全面提高教学质量、培养高素质复合型专业人才的精神，结合作者所在单位华北电力大学应用化学、环境工程、环境科学、能源化工专业本科无机化学实验的教学要求，综合多年的教学实践并参阅近年来国内外出版的相关教材和教学资料，在以往使用多年的校内讲义《无机化学实验指导书》基础上编写而成的。

　　本教材共分为绪论、实验基本操作和数据处理、实验选编（基础实验和综合/设计实验）以及附录4部分内容。第1章对化学实验的学习方法、基本要求、安全操作、实验室学生守则及意外事故的处理等内容做了较详细的阐述。第2章介绍了无机化学实验的基本操作（常用仪器及操作方法）、实验误差以及实验数据的记录与处理方法。第3章结合目前各高等院校的教学设备及本校专业特色情况选编了17个实验，其中基础实验部分涵盖了化学热力学、化学动力学、离子平衡、电化学、配位化学、元素化学等分支的9个实验。综合/设计实验部分设置的8个实验，旨在训练学生综合应用所学的无机化学知识独立分析和解决问题的能力。本书的附录列出了一些无机化学常用的基础数据表。

　　本书由华北电力大学李艳坤副教授和许佩瑶教授共同编著。

　　由于编者水平所限，不妥和疏漏之处在所难免，敬请读者批评指正。

作　者

2023 年 8 月

目　　录

1 绪 论

1.1 实 验 守 则

（1）实验前应做好预习，写好预习报告，实验过程中所有真实现象和原始数据应填入预习报告。实验完毕后交给指导教师检查和签字，方可离开实验室。课下要认真进行实验报告中记录现象的解释与数据的处理和分析。

（2）实验时保持实验室清洁整齐。火柴梗、废纸团、试纸片等应先放在桌子一角；实验后放入固废桶里，严禁投入水槽，以防堵塞水槽。化学试剂废液分门别类倒入相应的废液收集桶中。

（3）实验时要爱护实验室公共财产，小心使用实验仪器和设备。特别是使用精密仪器时，必须严格按照操作规程进行，遵守注意事项，要谨慎细致。如仪器出现故障，应立即停止使用，及时报告指导老师，不要随意摆弄，以免损坏仪器。使用玻璃器皿时，要轻拿轻放，以免损坏和发生意外。

（4）实验时保持肃静（禁止喧哗和打闹），集中思想，认真操作，仔细观察，如实记录原始数据或现象，积极思考。

（5）要注意节约水、电、药品和其他物品。药品应按规定量取用，于试剂瓶中取出药品后，不应再放回原瓶，以免污染原药品。取用药品后，应立即盖上瓶盖或插上滴管，以免搞混、玷污药品。滴管、药匙未经清洗时，不准移取试剂。取用固体试剂时，注意勿使其洒落在实验台上。

阶梯式试剂架上的药品是对面两组共用的，使用药品时不要把药品瓶从架子上拿下，若取下，用过后应立即放回原处。

（6）实验时必须按正确实验方法进行，遵守操作规程，特别要注意实验安全。实验室内禁止进食与饮水。

（7）实验完毕后，将玻璃仪器刷洗干净，放回原处，整理好桌面。

（8）值日生轮流认真值日，擦净桌面，打扫干净水槽和地面，检查仪器和试剂瓶等是否在正确位置摆列整齐，水龙头、电源、门窗是否关闭。垃圾倾倒到指定的垃圾桶中。

（9）实验室整理完毕后，请指导教师检查，经教师同意后方可离开实验室。

1.2　化学实验的学习方法与要求

要想达到实验目的，获得良好的实验效果，必须有正确的学习态度和正确的学习方法。化学实验的学习大致可以分为下列三个步骤：

（1）课前预习。预习是实验课前必须完成的准备工作，是做好实验的前提。但是这个环节并没有引起学生的重视，甚至不预习就直接进实验室，对实验的目的和要求并不清楚，实验内容也不熟悉和了解，造成的结果是浪费了时间和药品，未能有效地获得良好的实验效果。为了确保实验课的质量，在实验进行前，指导教师要进行学生预习报告的检查，并对实验的目的、原理、内容、操作和注意事项等内容进行提问和讲解，以便了解学生预习情况。如个别学生没有预习或预习不符合要求，指导教师有权停止此学生的实验。

实验预习一般应达到下列要求：

1）系统阅读本次实验的全部内容，查阅与实验有关的教科书或资料内容。

2）明确本次实验的目的，了解并掌握其原理、内容、操作方法和注意事项，并认真思考本次实验的思考题。

3）初步估计、预测每一反应的预期结果，以便做到心中有数。

4）根据不同的实验及指导教师的要求写好预习报告，预习报告的格式一般包括实验目的、实验原理、简要实验内容和步骤（记录实验现象或原始数据）、结果分析或数据处理（含作图、计算或化学方程式）、问题分析及心得体会（可选）。

（2）实验过程。实验是培养动手能力和独立思考能力的重要环节，学生应做到下列几点：

1）认真听取指导教师对实验的讲解及对实验注意事项的提醒。

2）按照实验教材（或讲义）规定的实验方法、操作步骤和药品用量进行实验。

3）认真操作、细心观察，并把观察到的现象（表述要正确、准确、真实）或测得的数据及时、如实地记录在实验报告中。

4）如果发现实验现象和理论或原理不相符，应认真检查实验操作过程，仔细考虑、分析其原因，并认真重做实验。

5）实验中遇到问题时，可与其他同学小声讨论或请教老师。

6）遵守《实验守则》和《化学实验室安全守则》。

（3）实验报告。实验报告是每次实验的总结，它反映了学生的实验水平和归纳、总结或处理数据的能力，必须认真、仔细、如实地填写。实验报告应简明扼要、整齐干净。实验报告一般应包括以下内容：

1）实验目的。简述本次实验的目的和意义。

2）实验原理。简介实验的基本原理、理论基础或主要反应方程式、计算分析所依据的公式。

3）实验步骤/内容。文字叙述要简练，尽量采用表格、图表、化学式、符号等形式清晰、明了地表示实验步骤和内容。

4）实验现象或数据记录。实验时出现的现象或数据应如实填写，不允许主观臆造，弄虚作假。要求记录实验原始数据或现象（发生变化前和变化后）。

5）解释、结论或数据计算。根据实验现象做出简明解释，写出反应方程式，分题目做出小结或最后结论。进行数据计算时要把所依据的公式中各数值表达清楚，并将计算结果与理论值进行比较，计算相对误差并进行解释。

6）分析讨论。针对本实验中或分析结果中出现的问题，提出疑问、见解或总结实验收获与体会，分析实验中产生误差的原因，对实验内容和方法提出优化改进意见等。

1.3　化学实验室安全操作与注意事项

在化学实验中，使用的仪器、装置大部分是容易破碎的玻璃器皿，许多化学物都是可燃、易爆、有腐蚀性或有害的危险品，实验过程中常常需要用明火加热。因此，稍有不慎，就会发生意外事故。所以，实验人员都必须牢固树立安全、规范操作的思想，遵循安全注意事项，严肃认真地进行实验。

（1）进行实验前穿戴好实验室要求的个人防护装备，包括实验服、护目镜、实验手套等。

（2）所有使用有毒或有恶臭物质的实验，都应在通风橱中进行。

（3）易挥发的和易燃的物质的有关实验，一定要远离火源，并应尽可能在通风橱中进行。

（4）加热试管时，不要将试管口指向自己或别人，也不要俯视正在加热的液体，以免被溅出的液体烫伤。

（5）在闻瓶中气体的气味时，鼻子不能直接对着瓶口（或管口），而应用手把少量气体轻轻扇向自己的鼻孔。

（6）稀释浓硫酸时，应将浓硫酸慢慢地注入水中，并不断搅动。切勿将水注入浓硫酸中，以免产生局部过热致使浓硫酸溅出，引起灼伤。

（7）酒精灯用完后应用灯帽熄灭，切忌用嘴吹灭。严禁用酒精灯去点燃酒精灯。点燃的火柴用后应立即熄灭，放进污物瓶里，不得乱扔。

（8）点燃可燃气体前必须检查气体的纯度，防止爆炸。

（9）使用玻璃仪器时，要先检查有无破损，有破损的就不能使用。使用时要轻拿轻放,以免破损,造成伤害。

(10) 玻璃仪器与胶管或胶塞拆装时,要先蘸些水或甘油润滑,最好用布包住玻璃仪器,在插拔同时慢慢地朝一个方向旋转以减少阻力,勿使玻璃管口对着掌心。

(11) 使用打孔器或用小刀切割胶塞、胶管等材料时,要谨慎操作,以防割伤。

(12) 每次实验后,应把双手洗净,方可离开实验室。

1.4 实验中意外事故的处理

进入化学实验室后,要重视安全操作,避免事故发生。如果不慎引起事故,应该立即报告老师,同时注意按下列方法及时进行处理。

(1) 烫伤:立即用冷水冲洗降温,可用高锰酸钾或苦味酸溶液揩洗灼伤处,再搽上凡士林或烫伤油膏。

(2) 受强酸腐伤:应立即用大量清水冲洗(浓硫酸应先用干布擦去),然后搽上碳酸氢钠油膏或凡士林。

(3) 受浓碱腐伤:应立即用大量清水冲洗,然后用柠檬酸或硼酸饱和溶液洗涤,再搽上凡士林。

(4) 割伤:应立刻用药棉揩净伤口,搽上龙胆紫药水,再用纱布包扎。如果伤口较大,应立即到医护室或医院医治。

(5) 吸入有毒气体:应立即到外面呼吸新鲜空气,并就医检查处理。

(6) 火灾:如因酒精、苯或醚等引起着火时,应立即用湿布或沙土等扑灭;如火势较大,可使用 CCl_4 灭火器或 CO_2 泡沫灭火机。但不可用水扑救,因水能和某些化学药品(如金属钠)发生剧烈的反应引起更大的火灾。如遇电气设备着火,必须使用 CCl_4 灭火器,绝对不可用水或 CO_2 泡沫灭火机。如果火势过大,要组织在场人员撤离,并马上拨打火警电话报警。

2 实验基本操作和数据处理

2.1 无机化学实验的基本操作

2.1.1 常用玻璃器皿的洗涤方法

为了使实验得到正确的结果，实验器皿必须清洗干净，一般清洗方法如下：

（1）在试管（或量筒）内，倒入约占试管总容量 1/3 的自来水，振摇片刻，倒掉。倒入同量的自来水，再振摇片刻后倒掉，然后用少量蒸馏水漂洗一次（必要时可增加冲洗次数）。

（2）当试管用水冲洗不能洗干净时，可用试管刷刷洗。第一次刷洗用的自来水不必太多，洗净后，再用少量蒸馏水漂洗 1~2 次。

（3）试管、烧杯或其他玻璃仪器，如沾有油污，需先用去污粉或肥皂粉（液）擦洗，再用自来水冲洗干净，最后用蒸馏水漂洗 1~2 次。要求洗罢把仪器倒转过来，水会顺着器壁流下，器壁上只留下一层既薄又均匀的水膜，并无水珠附着在上面，这样的仪器才算洗得干净。

浓盐酸可以清洗附着在器壁上的氧化剂，如二氧化锰。铬酸洗液非常适合于清除顽固性污染物，且多用于不便用刷子洗刷的仪器，如滴定管、移液管、容量瓶等特殊形状的仪器。但因其强氧化性和腐蚀性，配置和使用时要格外小心，切勿滴落在衣物或皮肤上。当洗液颜色变绿时，应重新进行配制。

洗涤其他玻璃仪器，一般与上述方法相同。

2.1.2 试剂的取用方法

2.1.2.1 液体试剂的取用

液体试剂通常盛装在细口的试剂瓶中。见光容易分解的试剂如硝酸银应盛在棕色瓶中。每个试剂瓶上都必须贴上标签，并标明试剂的名称、浓度和纯度。试剂瓶塞一般都是磨口的，最常用的是平顶的。

（1）从平顶瓶塞试剂瓶取用试剂的方法：取下瓶塞把它仰放在台上。用左手的大拇指、食指和中指拿住待装试剂的容器（如试管、量筒等）。用右手拿起试剂瓶，并注意使试剂瓶上的标签对着手心，倒出所需量的试剂。倒完后，应该将试剂瓶口在容器上靠一下，再使瓶子竖直，这样可以避免遗留在瓶口的试剂从瓶口流到试剂瓶的外壁。必须注意：倒完试剂后，瓶塞须立刻盖在原来的试剂瓶上，把试剂瓶放回原处，并使试剂瓶上的标签朝外。

（2）从滴瓶中取用少量试剂的方法：瓶上装有滴管的试剂瓶称作滴瓶。滴管上部装有橡皮奶头，下部为细长的管子。使用时，提起滴管，使管口离开液面。用手指紧捏滴管上部的橡皮奶头，以赶出滴管中的空气。然后把滴管伸入试剂瓶中，放开手指，吸入试剂。再提起滴管，将试剂滴入试管或烧杯等容器中。

使用滴瓶时，必须注意下列事项：

1）将试剂滴入试管中时，必须用无名指和中指夹住滴管，将它悬空地放在靠近试管口的上方，然后用大拇指和食指揿捏橡皮奶头，使试剂滴入试管中。绝对禁止将滴管伸入试管中，因为这样滴管的管端将很容易碰到试管壁而黏附其他溶液。如果再将此滴管放回试剂瓶中，则试剂将被污染，不能再使用。

2）滴瓶上的滴管只能专用，不能和其他滴瓶上的滴管搞混。因此，使用后，应立刻将滴管插回原来的滴瓶中。

3）使用滴管从滴瓶中取出试剂后，应保持橡皮奶头在上，不要平放或斜放，以防滴管中的试液流入奶头，腐蚀橡皮奶头并沾污试剂。

2.1.2.2　固体试剂的取法

固体试剂一般都用药匙取用，使用的药匙必须保持干燥和洁净。药匙的两端为大小两个匙，当取大量固体时用大匙，取少量固体时用小匙。当取用的固体要加入小试管中时，也必须用小匙。

2.1.3　加热方法

实验室中常用的器皿有烧杯、烧瓶、瓷蒸发皿、试管等。这些器皿能承受一定的温度，但不能骤热或骤冷。因此，在加热前，必须将器皿外壁的水擦干，加热后不能立即与潮湿的物体接触。当加热液体时，液体一般不宜超过容器总容量的一半。

（1）加热烧杯、烧瓶等玻璃仪器中的液体。在烧杯、烧瓶等玻璃仪器中加热液体时，玻璃仪器必须放在石棉网上，否则容易因受热不均而破裂。

（2）加热试管中的液体。试管中的液体一般可直接在火焰上加热。在火焰上加热试管时，应注意以下几点：

1）应该用试管夹夹持试管的中上部（微热时，可用拇指、食指和中指持试管）。

2）试管应稍微倾斜，管口向上，以免烧坏试管夹或烤痛手指。

3）应使液体各部分受热均匀，先加热液体的中上部，再慢慢往下移动，同时不停地上下移动。不要集中加热某一部分，否则将使液体局部受热骤然产生蒸气，将液体冲出管外。

4）不要将试管口对着别人或自己，以免溶液溅出时将人烫伤。

（3）加热试管中的固体。加热试管中的固体时，必须使试管口稍微向下倾斜，以免凝结在试管上的水珠流到灼热的管底，而使试管炸破。试管可用试管夹夹持起来加热，有时也可用铁夹固定起来加热。

（4）水浴加热。水浴加热以水作为传热介质，将被加热物质的器皿放入水中，该法适于100℃以下的加热温度。水浴加热避免了直接加热造成的温度的剧烈变化和不可控性，可以平稳地进行加热。

2.1.4 酒精灯、酒精喷灯、电加热板的使用方法

在实验中，常使用酒精灯或酒精喷灯进行加热。酒精灯的温度通常可达400~500℃，酒精喷灯通常可达700~1000℃。

2.1.4.1 酒精灯的使用方法

酒精灯一般由玻璃材料所制，其灯罩带有磨口。不用时，必须将灯罩罩上，以免酒精挥发。酒精易燃，使用时必须注意安全。

点燃时，应该用火柴点燃，切不可用其他点燃着的酒精灯直接去点燃。否则灯内的酒精易洒出，引起燃烧而发生火灾。

酒精灯内需要添加酒精时，应把火焰熄灭，然后利用漏斗把酒精加入灯内。但应注意灯内酒精不能装得太满，一般不超过其总容量的2/3为宜。熄灭酒精灯的火焰时，只要将灯罩盖上即可，切勿用嘴去吹。

2.1.4.2 酒精喷灯的使用方法

酒精喷灯由金属材料制得。使用前，首先在预热盆上注入酒精至满，然后点燃盆内的酒精以加热铜质灯管。等盆内酒精将近燃完时，开启开关。这时，由于酒精在灼热灯管内汽化，并与来自气孔的空气混合，用火柴在管口点燃，即可得到温度很高的火焰。调节开关螺钉，可以控制火焰的大小。用毕，向右旋紧开关，可使灯焰熄灭。

应当注意：在开启开关、点燃以前，灯管必须充分燃烧，否则酒精在灯管内不会全部汽化，会有液态酒精由管口喷出形成"火雨"，甚至会引起火灾。不使用时，必须关好储罐的开关，以免酒精漏失造成危险。

2.1.4.3 电加热板的使用方法

电加热板利用电流经过导体时产生的热量，对需要加热的物体进行加热。在开始加热前需要检查加热板表面是否干净、平整，以免影响加热效果。加热板在

加热过程中会产生高温，需要注意避免接触热表面。如加热板出现损坏或者老化情况，需及时停止使用并报告指导教师。

2.1.5 沉淀的分离和洗涤方法

2.1.5.1 普通过滤（常压过滤）和洗涤沉淀的方法

当溶液中有沉淀而又要把它与溶液分离时，常用过滤法。过滤前，先将滤纸对折两次，然后用剪刀剪成扇形。如果滤纸是圆形的，只需将滤纸对折两次既可。把滤纸打开成圆锥体（一边为三层，另一边为一层），放入玻璃漏斗中，滤纸放进漏斗后，其边沿应略低于漏斗的边沿（漏斗的角度应该是 60°，这样滤纸就可以完全贴在漏斗壁上。如果漏斗角度略大于或略小于 60°，则应适当改变滤纸折叠成的角度，使与漏斗角度相适应）。用手按着滤纸，用洗瓶吹出少量蒸馏水把滤纸湿润，轻压滤纸四周，使其紧贴在漏斗上。

将贴有滤纸的漏斗放在漏斗架上，把清洁的烧杯放在漏斗下面，并使漏斗管末端与烧杯壁接触，这样，滤液可顺着杯壁流下，不致溅开来。如图 2-1 所示，将溶液和沉淀沿着玻璃棒靠近三层滤纸这一边缓缓倒入漏斗中。溶液过滤完后，用洗瓶吹出少量蒸馏水，洗涤烧杯壁和玻璃棒，再将此溶液倒入漏斗中。等洗液滤完后，用洗瓶吹出少量蒸馏水，冲洗滤纸和沉淀。过滤时必须注意，倒入漏斗中的液体，其液面应低于滤纸边缘 1cm，切勿超过滤纸边缘。

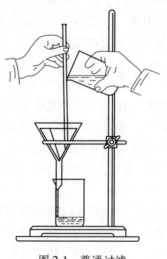

图 2-1 普通过滤

2.1.5.2 倾析法过滤

为了使过滤操作进行得较快，一般都采用"倾析法过滤"。其方法如下：过滤前，先让沉淀尽量沉降。过滤时，不要搅动沉淀，先将沉淀上面的清液小心地沿玻璃棒倒入滤纸上。待上层清液过滤完后，再把沉淀转移到滤纸上，这样就不会因为滤纸的小孔被沉淀堵塞而减慢过滤速度。最后，由洗瓶吹入蒸馏水，洗涤沉淀1~2次。

采用倾析法洗涤沉淀时，有时为了充分洗涤沉淀，可采用"倾析法洗涤"，如图2-2所示。先让烧杯中的沉淀充分沉降，然后将上层清液沿玻璃棒小心倾入另一容器或漏斗中；或将上层清液倾去，让沉淀留在烧杯中。由洗瓶吹入蒸馏水，并用玻璃棒充分搅动，然后让沉淀沉降。用上面同样的方法将清液倾出，让沉淀仍留在烧杯中，再由洗瓶吹入蒸馏水进行洗涤，如此这样重复数次。

图 2-2　倾析法过滤

使用倾析法洗涤沉淀的优点：沉淀和洗涤液能很好地混合，杂质容易洗净；沉淀留在烧杯中，只倾出上层清液过滤，滤纸的小孔不会被沉淀堵塞，洗涤液容易滤过，洗涤沉淀的速度较快。

2.1.5.3　吸滤法过滤（减压过滤）

为了加速过滤，常用吸滤法过滤。吸滤装置如图2-3所示，它由吸滤瓶1、布氏漏斗2、安全瓶3、水压真空抽气管（也称水泵）4组成。水泵一般是装在实验室中的自来水龙头上。

吸滤装置中的布氏漏斗是瓷质的，中间为具有许多小孔的瓷板，以便溶液通过滤纸从小孔流出。布氏漏斗必须装在橡皮塞上，橡皮塞的大小应和吸滤瓶的口径相配合，橡皮塞塞进吸滤瓶的部分不超过整个橡皮塞高度的1/2。如果橡皮塞太小而几乎能全部塞进吸滤瓶，则在吸滤时整个橡皮塞将被吸进吸滤瓶中而不易取出。

吸滤瓶的支管用橡皮管和安全瓶的短管相连接，而安全瓶的长管则和水泵相连接。安全瓶的作用是防止水泵中的水产生溢流而倒灌入吸滤瓶中，这是因为在水泵中的水压有变动时，常会有水溢流出来。在发生这种情况时，可将吸滤瓶和安全瓶拆开，将安全瓶中的水倒出，再重新把它们连接起来。如不要滤液，也可不用安全瓶。

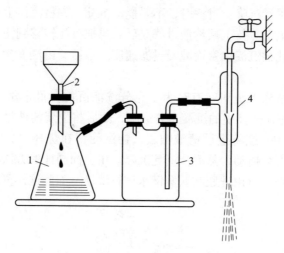

图 2-3　吸滤装置

吸滤操作必须按照下列步骤进行:

(1) 做好吸滤前的准备工作,检查装置:安全瓶的长管接水泵,短管接吸滤瓶;布氏漏斗的颈口应与吸滤瓶的支管相对,便于吸滤。

(2) 贴好滤纸:滤纸的大小应剪得比布氏漏斗的内径略小,以能恰好盖住瓷板上的所有小孔。先由洗瓶吹出少量蒸馏水润湿滤纸,再开启水泵,使滤纸紧贴在漏斗的瓷板上,然后才能进行过滤。

(3) 过滤时,应采用倾析法。先将澄清的溶液沿玻璃棒倒入漏斗中,过滤完后再将沉淀移入滤纸的中间部分。

(4) 过滤时,吸滤瓶的滤液面不能达到支管处的水平位置,否则滤液将被水泵抽出。因此,当滤液快上升至吸滤瓶的支管处时,应拔去吸滤瓶上的橡皮管,取下漏斗,从吸滤瓶的上口倒出滤液后,再继续吸滤。但须注意,从吸滤瓶的上口倒出滤液时,吸滤瓶的支管必须向上。

(5) 在吸滤过程中,不得突然关闭水泵。如欲取出滤液,或需要停止吸滤,应先将吸滤瓶支管的橡皮管拆下,然后再关上水泵。否则水将倒灌进入安全瓶。

(6) 在布氏漏斗内洗涤沉淀时,应停止吸滤,让少量洗涤剂缓慢通过沉淀,然后进行吸滤。

(7) 为了尽量抽干漏斗上的沉淀,最后可用平顶的试剂瓶塞挤压沉淀。

过滤完后,应先将吸滤瓶支管的橡皮管拆下,关闭水泵。取下漏斗,将漏斗颈口朝上,轻轻敲打漏斗边缘,即可使沉淀脱离漏斗,落入预先准备好的滤纸上或容器中。

用吸滤法进行过滤时,除了布氏漏斗外,还常用玻璃砂芯漏斗和玻璃砂芯坩埚。

2.1.5.4 试管中的沉淀分离和沉淀的洗涤方法

试管中少量溶液与沉淀的分离可以采用下列操作:将溶液静置片刻,让沉淀沉降在管底。取一支滴管用手指捏紧橡皮奶头,将滴管的尖端插入液面以下,但不接触沉淀,然后缓缓放松橡皮奶头,尽量吸出上面清液,同时注意不要将沉淀吸入管中。

如要洗涤试管中存留的沉淀,可由洗瓶吹入少量蒸馏水,用玻璃棒搅拌。静置片刻,使沉淀沉降,再按上面的操作将上层清液尽可能地吸尽。重复洗涤沉淀2~3次。

试管中少量溶液与沉淀的分离常采用离心分离法,操作简单且快速。常用的离心机有手摇式和电动式两种。将盛有沉淀的小试管或离心试管放入离心机的试管套内,在与之相对称的另一试管套内也要装入一支盛有相等容积水的试管,这样可使离心机的两臂保持平衡。然后缓慢而均匀地摇动离心机,再逐渐加速1~2min后,停止摇动,让离心机自然停下。在任何情况下,都不能猛力起动离心机;或在未停止前用手按住离心机的轴,强制其停下来,否则离心机很易损坏,而且容易发生危险。通过离心作用,沉淀紧密聚集在试管的底部或离心管底部的尖端,溶液则变清。沉淀和清液的分离以及沉淀的洗涤即可按照上面的方法进行。

2.1.6 量筒和容量瓶的使用方法

2.1.6.1 量筒

量筒是量取液体试剂的量具,它是一种具有刻度的玻璃圆筒。量筒的容量分为10mL、50mL、100mL、500mL等数种。使用时,把要量取的液体流入量筒中,手拿量筒的上部,让量筒竖直,使量筒内液体凹面的最低处与视线保持水平,然后读出量筒上的刻度,即得液体体积。

在某些实验中,如果不需要十分准确地量取试剂,可以不必每次都用量筒,只要学会估计从试剂瓶内倒出液体的量即可。例如,知道2mL液体占一支15mL试管总容量的几分之几,移取2mL液体应该由滴管中滴出多少滴液体,等等。

2.1.6.2 容量瓶

容量瓶是用来配制一定体积和一定浓度的溶液的量具。例如,用来配制一定体积的一定摩尔浓度或当量浓度的溶液。在容量瓶的颈部有一刻度线。在一定温度时,瓶内到达刻度线的液体的体积是一定的。使用时,先将容量瓶洗净,再将一定量的固体溶质放在烧杯中,加少量蒸馏水溶解。将此溶液沿着玻璃棒小心地倒入容量瓶中,再用少量蒸馏水洗涤烧杯和玻璃棒数次,洗涤液也需倒入容量瓶中，然后加水到刻度处。但需注意，当液面快接近刻度时，应用滴管小心地逐滴将蒸馏水加到刻度处。最后塞紧瓶塞，用右手食指按住瓶塞，左手手指托瓶底，将容量瓶反复倒置数次，并在倒置时加以振荡，以保证溶液的浓度完全均匀。

2.1.7 台天平的使用方法

2.1.7.1 使用前的检查工作

先将游码拨至刻度尺左右摆动距离几乎相等的地方，即表示台秤可以使用。如果指针在刻度尺左右摆动的距离相差很大，则应将调节零点的螺丝加以调节后方可使用。

2.1.7.2 物品称量步骤

将称量的物品放在天平左盘，砝码放在右盘。使用时，先加大砝码，再加小砝码，最后，在 10g 以内用游码调节，至指针在刻度尺左右两边摇摆的距离几乎相等时为止。记下砝码和游码的数值至小数后第一位，即得所称物品的质量。

称量后的结束工作：称量后，把砝码放回砝码盒中，将游码退到"0"处，取下盘上的物品。台秤应保持清洁，如果不小心把药品撒在台秤上，必须立刻清除。

分析天平和电子天平的使用方法请参见实验一。

2.1.8 石蕊试纸和 pH 试纸的使用方法

（1）用石蕊试纸试验溶液的酸碱性时，先将石蕊试纸剪成小条，放在干燥清洁的表面皿上。然后用玻璃棒蘸取要试验的溶液，滴在试纸上，然后观察石蕊试纸的颜色。切不可将试纸投入溶液中试验。

（2）用 pH 试纸试验溶液 pH 值的方法与石蕊试纸相同，但最后需与 pH 试纸所显示的颜色进行对比，方可测得溶液的 pH 值。

（3）试验挥发性物质的酸碱性时，可将试纸用蒸馏水润湿，然后悬空放在试管口的上方，观察试纸颜色的变化。

2.2 实验误差与数据处理

2.2.1 实验误差

在定量实验中，即使是最熟练的操作员，用最恰当的方法和最精密的仪器进行测量，其结果也不可能绝对准确。实验值和真实值之间的差值称为误差。误差值越小，实验测定结果的准确度越高。误差可用绝对误差和相对误差来表示。

$$绝对误差 = 测量值 - 真值$$

$$相对误差 = \frac{测量值 - 真值}{真值} \times 100\%$$

所谓真值，实际上是由各种不同方法经过多次平行实验所得的一个相对正确的结果，以此为依据作为衡量实验结果准确性的标准。

当实验结果大于真值时，误差为正，表示测量结果偏高；当实验结果小于真值时，误差为负，表示测量结果偏低。

产生误差的原因很多，一般可分为系统误差、随机误差、过失误差。下面分别进行介绍。

（1）系统误差。系统误差是指由某种经常性原因造成的比较恒定的误差，使测定结果系统偏高或偏低。当重复进行测量时，它会重复出现。系统误差的大小、正负是可以测定的，至少在理论上说是可以测定的，所以又称为确定误差。系统误差产生的原因主要有：

1）方法误差。这种误差是由分析方法本身造成的。例如在质量分析中，由于沉淀的溶解、共沉淀现象、灼烧时沉淀的分解或挥发等；在滴定分析中，反应进行不完全，干扰离子的影响，等当点和滴定终点不符合以及副反应的发生等，系统地影响测定结果偏高或偏低。

2）仪器和试剂误差。仪器误差来源于仪器本身不够精确，如砝码质量、容量器皿刻度和仪表刻度不准确等。试剂误差来源于试剂不纯，例如试剂和蒸馏水中含有被测物质或干扰物质，使分析结果系统地偏高或偏低。如果基准物质不纯，同样使分析结果系统地偏高或偏低，而其影响程度更严重。

3）操作误差。操作误差是指分析人员掌握操作规程与正确的实验条件稍有出入而引起的误差。例如分析人员对滴定终点颜色的辨别往往不同，有的人偏深，有的人偏浅等。

（2）随机误差。由随机原因引起的误差称为随机误差。随机误差因其随机性使它是可变的，有时大，有时小，有时正，有时负，所以随机误差又称非确定误差。

随机误差在分析操作中是无法避免的。经过实验数据的统计发现数据的分布符合正态分布曲线。根据误差理论，在消除系统误差的前提下，如果测定次数越多，则分析结果的算术平均值越接近于真实值。也就是说，采用"多次测定、取平均值"的方法，可以减小随机误差。

（3）过失误差。在分析中，还可能遇到操作失误引起的误差。例如，称量时砝码加错、滴定管读数读错、计算结果有误等，由此引起的误差都叫过失误差。过失误差一定要避免。

2.2.2 有效数字及运算规则

2.2.2.1 有效数字

在定量测定中，为了得到准确的结果，不仅要准确地选用实验仪器测定各种量的数值，还要正确地记录和运算。实验所获得的数值不仅表示某个量的大小，还反映出测量这个量的准确程度。因此实验中各种量应采用几位数字，运算结果保留几位数字，是非常严格的，不能随意增减数字位数。

有效数字的位数是指从仪器上能读出的数字位数。例如，用最小刻度为 0.1mL 的滴定管测量液体体积为 20.75mL，其中 20.7 是直接从滴定管的刻度上读出的，而 0.05 是估计的，它的有效数字位数为 4 位。再比如某物在台天平上称量为 4.5g，它的有效数字为 2 位，因为台天平只能准确称量到 0.1g。将该物在分析天平上称量时质量为 4.5673g，它的有效数字为 5 位，因为分析天平可准确称量至 0.0001g。即有效数字位数和仪器精度有关。在有效数字中，最后一位数是"可疑数字"（或估计数字），不是十分准确的。因此，上述物品在分析天平上所称得的数据不能记为 4.56730g，它夸大了实验的精确度；同时，也不能记为 4.567g，它减小了实验的精确度。

有效数字的位数可以用下例来说明：

有效数字	0.0045	0.0030	42.3	0.0423	5.008	0.5000	5000
位数	2 位	2 位	3 位	3 位	4 位	4 位	不确定

从上面几个例子可以看出，"0"如果在数字前面，只起定位作用，不是有效数字。因为"0"与所取的单位有关，例如记体积 0.0045L 和 4.5mL，其准确度完全相同；而"0"如果在数字的中间或末端，则表示一定的数字。另外，像 5000 这样的数字，有效数字的位数不好确定，后面的"0"可能是有效数字，也可能是定位数字。为了明确起见，在应用时，最好根据实际情况写成 $5×10^3$、$5.0×10^3$ 或 $5.00×10^3$，这样表明它们的有效数字位数分别为 1 位、2 位、3 位。

在 pH、lg$K$ 等对数值中，有效数字的位数仅取决于小数部分数字的位数，整数部分只决定数字的方次，起定位作用。如 pH＝11.90、lg$K$＝5.87 有效数字均为两位。

在分析计算中出现的一些特征常数，如圆周率 π、自然常数 e、气体常数 R 等，其有效数字的位数可以认为是无限的，需要几位就写几位。

2.2.2.2 有效数字的计算

各种测量结果的有效数字的位数往往不同。为避免运算中无意义的工作，应先将各有关测定结果的有效数字修约到误差接近的有效位数后再进行运算。

（1）加减法。在加减法中，所得结果的小数点后的位数，应与各数值中小数点后的位数最少的值相同。

例如：$0.126+1.05030+24.32=?$

三个数中，小数点后位数最少的为 24.32，有两位数字。因此最后的得数小数点后也应为两位数字，所以答案应为 26.50。

（2）乘除法。乘除法中，计算结果的有效数字位数，应与各数值中的有效数字位数最少的数字相同，而与小数点的位置无关。

例如：$0.126×1.05030×25.32=?$

其中，第一个数字是 3 位有效数字，它的有效数字位数最少，所以最后的得数也应为 3 位有效数字，答案应为 3.35。

3 实验选编

3.1 基础实验

实验一 天平的使用

一、实验目的

(1) 了解分析天平的基本构造、使用方法及操作规程。

(2) 了解电子天平的使用方法。

(3) 了解直接称量法和差减称量法。

二、实验仪器和药品

仪器：台天平（附带一盒砝码）、半自动电光分析天平（附带一盒砝码）、电子天平，称量瓶、干燥器、烧杯（100mL，3 个）。

药品：$CaCO_3$ 固体。

三、天平简介

（一）台天平（台秤）

台天平用于粗略的称量，一般能准确称量至 0.1g。

（二）半自动电光分析天平（分析天平）

自动电光分析天平是学校和工厂实验室经常使用的一种天平，可分为半自动和自动两种。它能准确称量至 0.0001g，即灵敏度为万分之一。

1. 主要部件

图 3-1 是半自动电光分析天平的正面图，图上标出了主要部件。下面把实验中与使用有关的一些主要部件作一介绍。

支点刀——是用硬度很大的玛瑙做成的，其刀口的尖锐程度决定天平的灵敏度，因此它是一个关键部件，使用时应尽量减少磨损。

指针——固定于天平梁的中央，使用时随天平摆动而摆动，指针的下端装有微分标尺。

投影屏——光源通过光学系统将微分标尺的刻度放大，反射到投影屏上。当投影屏上的标线与标尺投影重合时，天平达平衡，从投影屏上能准确读出 0.1~10mg 的质量。

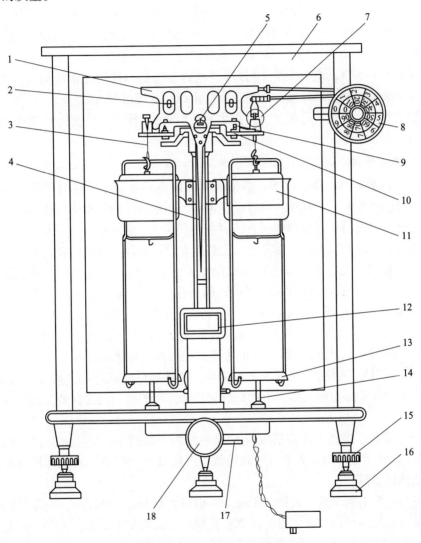

图 3-1　半自动电光分析天平

1—天平梁；2—平衡调节螺钉；3—吊耳；4—指针；5—支点刀；6—框罩；7—环码；
8—指数盘；9—支柱；10—托叶；11—阻尼器；12—投影屏；13—天平盘；14—托盘；
15—天平足；16—垫脚；17—零点微调杆；18—升降枢

零点微调杆——拨动此杆，可使标尺的 0 刻度与投影屏上的标线重合。

升降枢——用于启动和关闭天平的旋钮，是天平的重要部件，开动天平时，将升降枢向左（有的是向右）旋转，可看到天平梁下降，三个玛瑙刀口受力，盘托下降，天平盘自由摆动，在投影屏上可以看到微分标尺的投影。天平不用时，应及时关闭升降枢。

阻尼器——由两只套在一起的空铝盒组成。内盒和外盒之间保持一微小的空隙，当天平摆动时，由于两盒相对运动受到筒内空气阻力产生的阻尼作用，使天平梁很快停止摆动而达到平衡状态，从而缩短了称量时间。

环码——半自动电光天平 1g 以下的砝码是环码，砝码挂在挂钩上，由转动指数盘来加减环码。所加减的数量可直接由指数盘读出。

指数盘——分内、外两盘，内盘加减 10~90mg 环码，外盘加减 100~900mg 的环码。

2. 使用方法

（1）调节零点。接通电源，慢慢旋转升降枢启动天平，这时可以看到微分标尺的投影在投影屏上移动。当投影稳定后，如果标尺的零刻度与投影屏上的标线不重合，可拨动零点微调杆（在天平框的下方），使其重合，即调好零点。如果拨动零点微调杆仍不能调好零点，应找指导教师来调，自己不要动手。

（2）称量。先将要称量的物体放在台天平上粗称。然后再将物体放在分析天平左盘中央，把与粗称质量相同的砝码加在天平右盘，1g 以上用砝码，1g 以下转动指数盘加环码。然后关闭天平门，慢慢开动升降枢（此时不用旋转到底），观察投影屏上微分标尺的移动方向（微分标尺总是向着天平盘较重的一方移动）。如果微分标尺向左移，表示物体比砝码重；如果微分标尺向右移，则表示物体比砝码轻，此时应立即关上升降枢，再加减砝码或环码。如此反复多次，直至全部打开升降枢后投影屏上的标线与微分标尺的某一刻度重合为止，即达平衡点。

（3）读数。当达平衡点后（此时天平的两个侧门一定要关上，以免风吹引起指针摆动），就可以从天平盘的砝码数、指数盘的环码数、微分标尺的刻度数读出物体的质量。

微分标尺上的刻度一大格为 1mg，一小格为 0.1mg。平衡时，应尽量使标线落在微分标尺的正面位置，以免计算总质量时有加减发生错误。天平平衡时，物体的质量 = 砝码重 + 环码重（即指数盘读数）+ 投影屏上微分标尺的读数。即砝码重为整克数，小数点后第一位数为指数盘的外盘读数，第二位数为指数盘的内盘读数，第三位数为微分标尺的大格数，第四位数为微分标尺的小格数。

例如，称量某物体时，砝码重为 16g、环码外盘为 8、内环为 30、投影屏标尺大格为 3、小格为 2，则该物体重为 16.8332g，如果标线落在两小格之间，则按四舍五入取舍。读完数，应立即关闭升降枢。

3. 注意事项

（1）使用过程中一定要注意保护玛瑙刀口，要求：1）旋转升降枢时要缓慢，防止天平剧烈振动；2）每次加减重物或砝码、环码时，一定要关闭天平，只有读数时才能打开天平。

（2）不要随意移动天平的位置和打开天平的前门，如果发生故障，请报告指导教师。

（3）禁止用手拿放砝码和环码，一定要用镊子取放，完成称量后，砝码必须立即放回原来的位置，两盒砝码不能混用。

（4）当天平到达平衡点后，一定要将天平的两旁门关严，将天平的升降枢开到最大，使天平完全打开，然后才能读数。

（5）天平的载重不能超过天平的最大负载200g，不能将化学物质直接放在天平盘中称量，必须放在称量瓶、表面皿中称量。

（6）称量完后，应先关闭天平，再取出物体和砝码；关好左右天平门，将环码指数盘恢复到零位，将砝码盒放回天平框上；并将实验台恢复到初始状况。

（三）电子天平

电子天平是实验室使用的精密仪器，操作简单。本实验采用的电子天平为FA/JA系列电子天平。操作步骤如下：

（1）准备工作。

1）将天平放在稳定的工作台上，避免振动、气流、阳光直射和剧烈的温度波动。取下天平罩，放在天平箱的右后方的台面上。称量时，操作者应面对天平端坐。

2）安装称盘，检查天平是否处于水平位置。站立观察，若水泡不在水准器中心时，调整天平箱下方的水平调节脚，使水泡位于水准器中心。

3）接通电源前请确认当地交流电压是否与天平所需电压一致。检查天平称盘和底板是否清洁，必要时用毛刷扫净。

（2）开机/关机

1）开机：使称盘空载并按压<ON>键，显示器亮，天平显示自检（显示屏所有字段短时点亮），然后显示天平型号及称量模式。按TAR键进行清零操作（此时屏幕显示为0.0000g），天平就可以称量了。当遇到各种功能键有误无法恢复时，重新开机即可恢复出厂设置。

2）关机：确保称盘空载后按压<OFF>键，显示器熄灭。天平如长时期不用，请拔去电源插头，盖上天平罩。

（3）校准。为获得准确的称量结果，必须对天平进行校准以适应当地的重力加速度。校准应在天平经过预热（30min）并达到工作温度后进行，遇到以下情况必须对天平进行校准：首次使用天平称量之前；天平改变安放位置后；称量工作中定期进行。

具体校准方法：准备好校准用的标准砝码，确保称盘空载；按<TAR>键使天平显示回零（此时屏幕显示为 0.0000g）；按<CAL>键显示闪烁的CAL—×××（×××一般为 100、200 或其他数字，提醒使用相对应的 100g、200g 或其他规格的标准砝码）。将标准砝码放到称盘中心位置，天平显示 CAL…，等待十几秒后，显示标准砝码的质量。此时，移去砝码，天平显示回零，表示校准结束，即可以进行称量。如天平不回零，可再重复进行一次校准工作。

（4）称量。天平经校准后即可进行称量，按<TAR>键进行清零操作，然后将称量容器放至称盘上，关闭天平门，屏幕显示容器质量；待读数稳定后，按<TAR>键清零，然后加入试样于称量容器并关闭天平门，屏幕显示试样质量，进行记录。

应当注意：称量时必须等显示器左下角 "〇" 标志熄灭后才可读数；称量时被测物必须轻拿轻放，并确保不使天平超载，以免损坏天平的传感器。

天平常见故障、原因与排除方法如表 3-1 所示。

表 3-1　天平常见故障、原因与排除方法

序号	故　障	原　因	排 除 方 法
1	显示器不亮	天平未正常接通电源	检查未接通原因并重新接通
		天平显示器开关未开启	按<ON>键
		瞬时干扰	重新开机一次或重新插入电源
		保险丝损坏	调换相同规格的保险丝，如再次烧坏，就必须送检修单位修理
2	显示器仅显示上部线段	超过最大载荷	立即减少载荷
		内部记忆校准数可能被破坏	按上述 "校准天平" 操作顺序重新校准
		称盘未安装好	取出称盘重新安装
3	显示器仅显示下部线段	未放上称盘	重新安装称盘
		称盘未安装好	
4	称量结果不稳（数据跳变）	有气流	改善环境
		天平所处工作台不稳定	
		温室波动大	
5	称量结果不正确	天平未经校准就使用	重新校准
		使用的校准砝码不准	更换校准砝码重新校准
		称物前未调零	按<TAR>键
		电源电压不正常	改用正常电源

续表 3-1

序号	故障	原因	排除方法
6	显示器停留在某一位数字或出现无意义符号	可能瞬时干扰	重新开机一次或重新插入电源线
		电源电压不正常	改用正常电源
7	显示器左下角不稳定，标志"○"不熄	天平所处环境不理想，如气流太大、有振动等	改善环境并将防风罩玻璃门关好
8	一直显示等待状态	天平所处环境不理想，如气流太大，有振动、室温波动大	改善环境并将防风罩玻璃门关好
9	显示 CAL Err	在校准天平之前，称盘上放有物体	拿去物体，清零并校准
		在校准天平之前未清零	清零并校准
		天平未显示零时就按<CAL>键	清零并校准
		校准砝码不准确	更换校准砝码重新校准
10	显示器最右边的称量单位不显示	天平未经校准	对天平进行校准
		天平内部记忆校准数被冲掉	

四、实验内容

对于在空气中没有吸湿性的试样及试剂，可用直接称量法进行称量。否则，采用差减称样法（减量法）进行称样。减量法是将试样放在称量瓶中，先称量试样和称量瓶的总重，然后按所需量倒出部分试样，再称量试样和称量瓶的质量，两次称量之差即为倾倒出试样的质量。

（一）减量法称量的练习

（1）计算配制 250mL 0.05mol/L 的 $CaCO_3$ 溶液所需的 $CaCO_3$ 质量，作为称量时的依据。应在实验前预先算好，实际质量可略大于或小于此质量，但不能相差太远。

（2）粗称：打开干燥器，用一根宽约 1cm、长约 10cm 的洁净纸条套住称量瓶的下端，用手拿住纸带尾部取出称量瓶，向称量瓶中放入所称药品（药品量应略大于两倍的计算量）。将放好药品的称量瓶放入台天平中粗称，记录粗称的数据结果。注意在称量过程中称量瓶不能用手捏。

（3）精称：天平调好零点后，用纸条套住称量瓶放在分析天平的左盘上，取下纸条，精确称量称量瓶连同药品的总质量（m_1），记录数据，再用纸条将称量瓶从天平上取出。用另一根小纸条夹住称量瓶的盖柄将瓶盖取下，将瓶身慢慢向下倾斜，以瓶盖轻轻敲击瓶口上沿，缓慢倾出大约 1/2 的药品于事先准备好的干燥的 250mL 烧杯中。将称量瓶缓缓竖起，用瓶盖敲击瓶口，使瓶口部分的试样落回称量瓶。盖上瓶盖，放回天平的左盘，再准确称量此时的总质量（m_2），两次质量之差（m_1-m_2）即为所称的药品的质量（此过程可能需要数次才能完成）。

依据上述方法再称量一份 $CaCO_3$。实验完毕后，药品回收，倒回大烧杯中。

（二）电子天平称量的练习

将上述称量的药品，采用电子天平用直接称量法重新进行称量，记录数据结果，并与分析天平的称量结果进行比较。

五、思考题

（1）分析天平称量时，以下操作是否被允许？
1）急速打开或关闭升降枢；
2）在天平开启的情况下加减砝码或物体；
3）在砝码和称量物体质量悬殊很大的情况下，完全打开升降枢。
（2）以下情况对分析天平的称量读数有无影响？
1）未关严天平门；
2）读数时，升降枢未完全打开（未旋转到底）；
3）使用了台天平的砝码。
（3）以克为单位，在半自动电光分析天平上能读出小数点后第五位，这是否说明天平能准确称至 0.00001g？为什么？
（4）本次实验中，分析天平零点不指在"0"位，是否可以进行称量？
（5）分析天平的零点和平衡点有何区别？
（6）在分析天平加减砝码和环码的过程中，若投影屏上的标尺向右移动时，称量物比砝码和环码的质量要_____，需要_____砝码或环码才能使天平平衡。
（7）简述直接称量法的适用范围。

六、附录

干燥器的使用

干燥器（如图3-2所示）是保持固体干燥的仪器，它是由厚质玻璃制成的，干燥器底部放有干燥的氯化钙或变色硅胶等干燥剂（无水硅胶呈蓝色，吸水后呈红色。若硅胶从蓝色变红色，表示硅胶失效。吸水后的硅胶放入烘箱中烘干后可重新使用）。干燥器中部放置一个带孔的圆形瓷板，以存放装有干燥物的容器。在干燥器口和盖子下面的磨口上涂有一层很薄的凡士林，这样可以使盖子盖得很严，以防外界水汽进入干燥器。打开干燥器时，以一只手扶住干燥器，另一只手沿水平方向移动盖子（不要把盖子向上提），以便把它打开或盖上。放入或取出物体后，必须把盖子盖好，使盖子与干燥器两磨口吻合。如果要把盖子拿下来，那么要把它翻过来放在桌面上（不要使涂有凡士林的磨口边触及桌面），注意不要把盖子掉在地上。

图 3-2　开干燥器

实验二　化学反应速率和化学平衡

一、实验目的

（1）了解浓度、温度、催化剂对反应速率的影响。

（2）了解浓度、温度、催化剂对化学平衡移动的影响。

（3）根据实验数据练习作图，并了解作图法求反应速率常数和反应级数的方法。

二、实验原理

化学反应速率是以单位时间内反应物浓度或生成物浓度的改变来计算的。

碘酸钾 KIO_3 可氧化亚硫酸氢钠而本身被还原为 I_2，反应如下：

$$2KIO_3 + 5NaHSO_3 \rightleftharpoons Na_2SO_4 + 3NaHSO_4 + K_2SO_4 + I_2 + H_2O$$

反应生成的碘可使淀粉变为蓝色。如果在溶液中预先加入淀粉作指示剂，则淀粉变蓝所需时间的长短即可用来表示反应速率的快慢。时间 t 与反应速率成反比，而 $1/t$ 则和反应速率成正比。

如果此反应为基元反应，则化学反应速率与各反应物浓度系数的幂次方乘积成正比，即

$$V = kC_{KIO_3}^2 \times C_{NaHSO_3}^5$$

这一规律称为质量作用定律。

如果此反应不为基元反应，则反应速率方程式应为：

$$V = kC_{KIO_3}^x \times C_{NaHSO_3}^y$$

两边取对数，可得：

$$\lg V = \lg k + x\lg C_{KIO_3} + y\lg C_{NaHSO_3}$$

如果在上述反应中，固定 $NaHSO_3$ 的浓度，改变 KIO_3 的浓度，则可得到 $\lg 1/t$ 和 $\lg C_{KIO_3}$ 之间的直线关系。通过直线的斜率大小，可求出此反应对 KIO_3 的级数，并可判断 KIO_3 浓度对化学反应速率的影响情况。同样，若固定 KIO_3 的浓度，改变 $NaHSO_3$ 的浓度，则可得到 $\lg 1/t$ 和 $\lg C_{NaHSO_3}$ 之间的直线关系。通过直线的斜率大小，可求出此反应对 $NaHSO_3$ 的级数，并可判断 $NaHSO_3$ 浓度对化学反应速率的影响情况。最后，通过直线的截距大小，可求出此反应的速率常数。

根据阿伦尼乌斯定律，温度升高时，反应速率也升高。对于一般反应而言，温度每升高 10℃，反应速率增加 2~3 倍。

催化剂能改变反应历程，改变反应活化能。因此催化剂可剧烈地改变反应速率。H_2O_2 溶液在常温下能分解而放出氧，但分解速率很慢，如果加入催化剂（如二氧化锰、活性炭等），则反应速率立刻加快。

在可逆反应中,当正反应速率和逆反应速率相等时,即达到了化学平衡,当外界条件如温度、浓度、压力改变时,平衡将发生移动。根据吕·查德里原理可以判断平衡移动的方向。

三、实验仪器和试剂

仪器:表(有秒针)1只、温度计(100℃)2支、烧杯(100mL、500mL)各2只、50mL量筒1支、10mL量筒2支、大试管1支、小试管、玻璃棒、试管夹、药匙。

试剂:KIO_3(0.05mol/L)、$FeCl_3$(0.01mol/L,饱和)、KSCN(0.03mol/L,饱和)、H_2O_2(3%)、$CuSO_4$(1mol/L)、KBr(1.5mol/L)、$NaHSO_3$(0.05mol/L,配制时先用少量水将5g淀粉调成浆状,然后倒入100~200mL沸水中,煮沸,冷却后加入5.2g $NaHSO_3$,用去离子水稀释至1L)、MnO_2(固体)、K_2CrO_4(0.1mol/L)、H_2SO_4(2mol/L)、NaOH(2mol/L)。

材料:火柴、酒精灯、石棉网、冰块。

四、实验内容

(一)浓度对反应速率的影响(两人合做)

用50mL量筒准确量取10mL $NaHSO_3$和35mL去离子水,倒入小烧杯中,搅动均匀,用另一支10mL量筒准确量取5mL 0.05mol/L KIO_3溶液。准备好表和搅棒,将量筒中的KIO_3溶液迅速倒入盛有$NaHSO_3$溶液的小烧杯中,立即看表计时并加以搅动(KIO_3溶液倒入一半时即计时),记录溶液变蓝所需的时间。改变药品使用量,用同样的方法依次进行实验并将结果填入表3-2中。

表3-2 数据记录与处理

实验编号	$NaHSO_3$体积/mL	H_2O体积/mL	KIO_3体积/mL	溶液变蓝时间 t/s	$1/t$	KIO_3浓度
1	10	35	5			
2	10	30	10			
3	10	25	15			
4	10	20	20			

根据以上实验数据,以$\lg C_{KIO_3}$浓度为横坐标,$\lg 1/t$为纵坐标,用坐标纸绘制曲线。说明浓度对化学反应速率的影响。

注意:(1)取用不同试剂的量筒必须分开;(2)计时与实验必须同步进行。

（二）温度对反应速率的影响（两人合做）

在一只 100mL 小烧杯中加入 10mL NaHSO$_3$ 和 35mL 去离子水，用量筒取 5mL 0.05mol/L KIO$_3$ 溶液加入另一支试管中，将小烧杯和试管同时放入热水浴中，加热到比室温高 10℃ 左右，拿出，将 KIO$_3$ 溶液快速倒入 NaHSO$_3$ 溶液中，立即看表计时，记录淀粉变蓝时间，并填入表 3-3 中。

表 3-3　数据记录

实验编号	NaHSO$_3$ 体积/mL	H$_2$O 体积/mL	KIO$_3$ 体积/mL	实验温度 /℃	溶液变蓝时间 /s
1					
2					

水浴可用 500mL 烧杯加水 300mL 在火上加热，控制温度高出要测定的温度约 10℃，不宜过高。

如果在室温 30℃ 以上作本实验时，也可用冰浴代替热水浴做实验，控制温度比室温低 10℃ 左右，实验方法不变。

根据实验结果，做出温度对反应速率影响的结论。

（三）催化剂对反应速率的影响

在试管中加入 3mL 3%H$_2$O$_2$ 溶液，观察是否有气泡发生。用药匙的小端加入少量 MnO$_2$ 固体，观察气泡发生的情况，试证明放出的气体是氧气。

（四）浓度对化学平衡的影响

（1）取 0.01mol/L FeCl$_3$ 溶液和 0.03mol/L KSCN 溶液各 6mL，倒入小烧杯中混合，由于生成 $[Fe(NCS)_n]^{3-n}$ 而使溶液呈深红色：

$$Fe^{3+} + nSNC^- \rightleftharpoons [Fe(NCS)_n]^{3-n}$$

将所得溶液平均分装在三支试管中，在两支试管中分别加入少量饱和 FeCl$_3$ 溶液和饱和 KSCN 溶液，充分振荡使混合均匀，注意它们颜色的变化，并与另一支试管中的溶液进行比较。根据吕·查德里原理，解释各试管中溶液的颜色变化。

（2）取 5mL 的 0.1mol/L K$_2$CrO$_4$ 溶液放入试管中，然后滴加 2mol/L 的 H$_2$SO$_4$ 溶液，观察溶液颜色变化，当溶液变为橙色时，滴加 2mol/L 的 NaOH 溶液，再观察溶液颜色的变化。反应方程式为：

$$2CrO_4^{2-}（黄色） + 2H^+ \rightleftharpoons Cr_2O_7^{2-}（橙色） + H_2O$$

（3）温度对化学平衡的影响

CuSO$_4$ 溶液与 KBr 溶液混合后，发生以下反应：

$$CuSO_4(蓝色) + KBr \underset{\triangle}{\rightleftharpoons} K_2[CuBr_4](绿色) + K_2SO_4$$

这是一个吸热反应，加热使平衡向右移动，溶液由蓝色变为绿色；冷却，平衡向左移动，溶液由绿色变为蓝色。

取 1mol/L CuSO_4 和 1.5mol/L KBr 各 10mL 于一只小烧杯中混匀，将此混匀后的溶液等分装入三支试管中。将第一支试管溶液加热至沸，第二支试管溶液用冰浴冷却一段时间，将第三支试管作为比较溶液。观察前两支试管中溶液颜色的变化，据此说明温度对化学平衡的影响。

五、思考题

（1）影响化学反应速率的因素有哪些？本实验中如何试验浓度、温度、催化剂对反应速率的影响？

（2）化学平衡在什么情况下将发生移动？如何判断平衡移动的方向？本实验中如何试验浓度、温度对化学平衡的影响？

六、附录

作图技术简介

对于化学实验中获得的实验数据，利用图形可以形象地显示出数据特点、数值的变化规律，并能用图形作进一步的求解，获得斜率、截距、外推值等。因此，作图技术的高低与科学实验的正确结论有密切的联系。下面就直角坐标图绘制技术作简单介绍。

（1）坐标轴比例尺选择要点。用直角坐标纸时，一般以自变量为横坐标，因变量为纵坐标。横纵坐标原点不一定从零开始，坐标轴应注明所代表的变量的名称和单位。

坐标轴的比例尺选择要适宜，使图上的各种物理量的全部有效数字能恰当表示出来，图上的最小分度值与实验的分度值应一致。

要使测量的数据各点分散、均匀地分布在全图，不要使各点过分集中，偏于某一角上。若作图的图形是一直线，需求其斜率、截距等数值时，直线与横坐标的夹角应在 45°左右为宜，角度过大或过小等都会带来较大的误差。

（2）图形的绘制。根据实验数据在图纸上标出各点后，按各点分布情况连接成曲线或直线，以表示其物理量的变化规律。绘出的曲线或直线不必通过所有各点，只要这些点能均匀分布在线条的两侧即可。若有个别点偏离太远，可将此点忽略。一般绘制成一条光滑曲线或直线，不绘制成折线。

（3）由直线图形求斜率。直线图形可用方程 $Y = a + bx$ 表示，为求其斜率 b 可在直线上任取两点（两点间距离不宜太近），也可取两组实验数据（数据应恰在直线上）。若两点的坐标值为（x_1，y_1）、（x_2，y_2），则直线的斜率为：

$$b = \frac{y_2 - y_1}{x_2 - x_1}$$

图 3-3 是根据同一组实验数据做出的三张图形，试比较哪一个图绘制得较好。

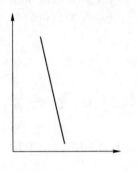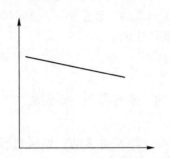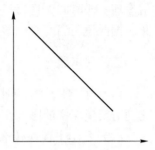

图 3-3　绘制直线图形的比较

实验三　醋酸解离常数的测定

一、实验目的

（1）了解用 pH 计测量醋酸解离度和解离常数的方法和原理。
（2）学习 pH 计的使用方法。
（3）练习滴定的基本操作。

二、实验原理

醋酸是弱电解质，在水溶液中存在下列解离平衡：

$$HAC \rightleftharpoons H^+ + AC^-$$

起始浓度/mol·L^{-1}　　　c　　　0　　　0
平衡浓度/mol·L^{-1}　　$c-x$　　　x　　　x

$$K_a = [H^+][AC^-]/[HAC] = x^2/(c-x)$$

式中，c 为醋酸的起始浓度；K_a 为醋酸的解离常数；x 为 H^+ 的平衡浓度。

在一定浓度时，用酸度计（pH 计）测定一系列已知浓度的醋酸的 pH 值，换算成 H^+ 浓度，代入上式，即可求出一系列对应的醋酸的 K_a 值，将所得的 K_a 值取平均值即得该温度下醋酸的解离常数。

三、实验仪器和试剂

仪器：酸度计、酸式滴定管（50mL，1 支）、碱式滴定管（50mL，1 支）、移液管（25mL，1 支）、锥形瓶（250mL，2 支）、小烧杯（100mL，5 个）、洗耳球、滴定台、滴定管夹、复合电极、吸滤纸。

试剂：标准 NaOH 溶液（0.1mol/L 左右）、HAC（0.1mol/L）、0.1% 酚酞、标准 pH 溶液（pH=4.00、pH=9.18）。

四、仪器的使用

（一）滴定管

滴定管是在滴定时用来准确量度液体的仪器，有时也可供准确量取液体时使用。常见的滴定管为 50.00mL 和 25.00mL 两种，刻度自上而下，每一大格为 1mL，每一小格为 0.1mL，两小格之间还能估计出一位数，所以滴定管能测量至 0.01mL。

滴定管分为酸式和碱式两种，酸式滴定管下端带有玻璃旋塞，以控制溶液的流速，可用来盛放酸类或氧化类溶液，不能盛放碱类溶液，因为磨口玻璃旋塞会被碱类溶液腐蚀而粘住。酸式滴定管使用前应在玻璃旋塞上轻涂一层凡士林，以便使玻璃旋塞转动灵活和防止漏水。在旋塞孔附近应少涂凡士林，以免堵住旋塞孔。碱式滴定管下端连接一软橡皮管，内放一玻璃球，以控制溶液的流速。碱式滴定管不能盛放酸性或氧化性溶液（如 $KMnO_4$、I_2、$AgNO_3$ 等），以免腐蚀橡皮管。

滴定管的使用方法如下：

（1）检漏。酸式滴定管试漏的办法是将旋塞关闭，将滴定管装满水后垂直架放在滴定管夹上，放置 2min，观察管口及旋塞两端是否有水渗出。随后再将旋塞转动 180°，再放置 2min，看是否有水渗出。若两次均无水渗出，旋塞转动也灵活，则可使用，否则应将旋塞取出，重新按上述要求涂凡士林并检漏后方可使用。碱式滴定管应选择大小合适的玻璃珠和橡皮管，并检查滴定管是否漏水，液滴是否能灵活控制，如不合要求则重新调换大小合适的玻璃珠。滴定管检查不漏水后，应按下面洗涤方法洗涤干净，然后才能装入滴定溶液。

（2）洗涤。滴定管依次用洗液、自来水、去离子水洗涤，最后用少量滴定液（每次 5~10mL）润洗三次。洗涤时两手平端滴定管，不断慢慢转动，使滴定液布满滴定管。然后立起滴定管，打开滴定管的旋塞（或捏挤玻璃珠），使洗涤液从出口管的下端流出。最终洗净的滴定管内壁应不挂水珠，否则说明滴定管未洗净，必须重新进行洗涤。

（3）装液。直接将滴定液装至滴定管中，液面应在零刻度之上。将滴定管垂直地夹在滴定管夹上，开启旋塞或挤压玻璃圆球（橡皮管弯向上方）使多余的滴定液流出。酸式滴定管可转动旋塞，使溶液急速冲下排除气泡；碱式滴定管则可将橡皮管向上弯曲，并用力捏挤玻璃珠所在处，使溶液从尖嘴喷出，即可排除气泡，如图 3-4 所示。

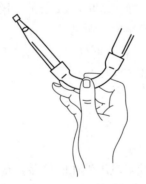

图 3-4　碱式滴定管赶气泡法

控制滴定管内滴定液液面恰为零刻度或略低于零刻度，应记下初读数。读数前滴定管应垂直放置，读数时应注意视线要与管内液体弯月面最低点在同一水平面上，如图 3-5 所示。为了减少滴定管粗细不均匀所造成的误差，每次滴定的初始读数应尽量相等。

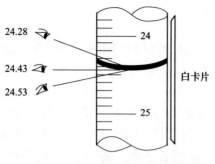

图 3-5 滴定管读数

（4）滴定。酸式滴定管用左手拇指、食指和中指旋转活塞，大拇指在前，食指和中指在后，无名指略微弯曲，轻轻向内扣住旋塞，手心空握。碱式滴定管用左手拇指和食指捏住橡皮管中玻璃球所在部位右旁边，轻捏橡皮管，使橡皮管和玻璃球之间形成一条空隙，溶液即可流出。注意不能捏挤玻璃珠下方的橡皮管，否则空气会进入而形成气泡。右手持锥形瓶颈，使滴定管尖嘴深入瓶颈中1~2cm，边滴定边摇动锥形瓶，锥形瓶应向同一方向作圆周旋转而不应前后振动，否则易溅出溶液。

开始时滴定液滴出速度可快些，当快达到滴定终点时，必须要一次一滴或半滴慢慢加入滴定液，并用洗瓶吹入少量水淋洗锥形瓶内壁，使附着的溶液全部落下。直到指示剂变色并在半分钟内不再恢复到原来颜色，即达到滴定终点（如图3-6所示）。

图 3-6 滴定操作

锥形瓶滴定前清洗后不必烘干，因为滴定反应只与物质的量有关，锥形瓶中少量的水并不影响滴定终点。

（5）读数。滴定前和滴定后读数时，要稍等片刻，使附着在内壁上的溶液流下来后才能读数。

（二）移液管

移液管是准确移取一定体积的溶液时所用的仪器，它有各种规格，从 0.50mL 到 100.00mL 不等，可准确到毫升数小数点后第二位数字，如 25mL 移液管可准确移取 25.00mL 溶液。

（1）洗涤。移液管的洗涤与滴定管一样，也是依次用洗液、自来水、去离子水进行洗涤。洗涤时把移液管尖端插入洗涤液中，用洗耳球把洗涤液吸入管中，用食指按住管口，然后将管平持，松开食指，转动移液管，使洗涤液充分接触管的内壁；再将管直立，让洗涤液从下部尖口流出。洗净的移液管内壁应不挂水珠。最后用少量要移取的液体洗涤三次，以确保要移取的溶液浓度不变。

（2）吸液。右手拇指和食指拿住移液管管颈标线上部，将移液管的尖端插入被吸溶液中；左手持洗耳球，先把球内空气压出，再用洗耳球的尖端插入移液管的上部管口，缓慢放松洗耳球，此时可看到溶液上升；当液面上升到标线以上 2cm 处时，立即用右手食指按住管口，将移液管提起离开溶液液面，稍稍放松食指或轻轻转动移液管，使液面缓慢下降，直至溶液的弯月面与标线相切（如图 3-7 所示）；立即用食指按紧管口，进行放液操作。

（3）放液。把移液管的尖端放在锥形瓶的内壁上，锥形瓶倾斜，使移液管垂直（图 3-7），然后放松食指，让溶液自然流出，流完后稍停一会，再把移液管拿开。管口内的残留液不要吹出，否则将造成误差（但如果移液管上刻有"吹"字，则残留液必须吹出）。

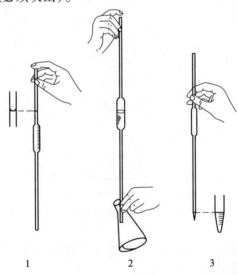

图 3-7　移液管的使用法
1—把液面调节到刻度处；2—放出液体；3—留在移液管中的液体

（三）酸度计

酸度计是用电位法测定水溶液的 pH 值及氧化还原电对的电极电势的一种仪器，它主要由电极和与之相连的电表等电路系统所组成，下面分别进行介绍。

（1）电极。现在所用的电极一般为复合电极，它是由以前的玻璃电极和甘汞电极（或银-氯化银电极）复合而成的。测量范围为 pH = 0 ~ 14，测量温度为 5 ~ 60℃。电极使用注意事项如下：

电极在初次使用或久置不用时，把电极球浸泡在 3mol/L 的氯化钾溶液中活化 2 ~ 8h。使用时应轻拿轻放，注意保护下面的玻璃球泡。

测量时，应先在蒸馏水中洗净，并用滤纸揩干，防止杂质带进，电极球泡和液络部应同时浸在被测液中。若液接界（即电极下端两根细白的管子）堵塞，可将电极保护罩快速插上，或者将保护罩套上电极（不要全部插进）沿竖直方向掌心轻击，使之瞬间产生一定的压力，如此反复多次，使液接界上部出现少许气泡即表示液接界已通畅，然后将气泡甩去即可。

电极不用时应套上保护罩。如复合电极上部有小孔且电极内溶液已很少，可从小孔中加入外参比溶液；如无小孔，则不需加外参比溶液。电极应避免长期浸泡在蒸馏水或蛋白质溶液和酸性氯化物溶液中，并防止和有机硅油脂接触。

（2）pHS-25 型数字显示式精密酸度计。仪器面板、底板上各旋钮、开关如图 3-8 所示。

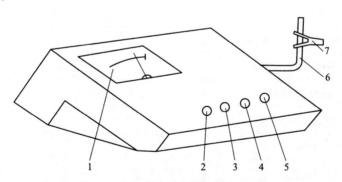

图 3-8 PHS-25 型数字精密酸度计面板、背板示意图
1—液晶数字显示屏；2—温度补偿器；3—斜率调节器；4—定位旋钮；
5—pH-mV 分档开关；6—支架；7—电极夹子

仪器使用操作步骤如下：

1）预热。接好电源插座，按下开关接通电源，使仪器预热 10min，将复合电极接入仪器后面的电极接孔中。

2）定位。将仪器选择置于 pH 位置，温度补偿旋钮置于被测溶液的温度上，将斜率旋钮旋到 100。把电极冲洗干净，用滤纸轻轻将电极表面水分吸干，然后将电极插入已知 pH 值的标准缓冲溶液中，待数字显示稳定后，调节定位旋钮，使显示值与标准缓冲溶液的 pH 值相同。保持"定位""斜率"旋钮位置不变，即可开始测量待测溶液。

3）测量：升起电极架，用蒸馏水冲洗电极后，用滤纸吸干电极表面水分，再插入待测未知溶液中，所显示数据即为待测溶液的 pH 值。

电极使用后，应将它清洗至其电位为空白电位值，并将电极浸泡在去离子水中。

五、实验内容

（一）醋酸溶液浓度的测定

用移液管量取 25.00mL 待测定的 0.1mol/L HAC 溶液 2 份，分别注入 2 个 250mL 的锥形瓶中，再各加入 2 滴酚酞指示剂。

用标准 NaOH 溶液分别滴定醋酸溶液，待溶液变浅粉色后，摇荡半分钟不变色即为滴定终点。两次滴定所消耗的标准 NaOH 溶液体积之差不能超过 0.2mL。将实验数据填入表 3-4 中，求出 HAC 的精确浓度。

表 3-4　滴定数据记录与计算　　　　　　　　室温＿＿℃

项　　目	数　　据
滴定后 NaOH 液面的读数/mL	
滴定前 NaOH 液面的读数/mL	
NaOH 溶液的体积/mL	
NaOH 溶液的浓度/mol·L^{-1}	
HAC 溶液的体积/mL	
HAC 溶液的浓度/mol·L^{-1}	
HAC 溶液的平均浓度/mol·L^{-1}	

（二）不同浓度醋酸溶液的配制

在 4 个干燥的 100mL 小烧杯中，按表 3-5 中要求的体积，用酸式滴定管加入已测定的醋酸溶液，用碱式滴定管加入去离子水。计算出各烧杯中醋酸溶液的精确浓度。

表 3-5　醋酸溶液 pH 值的测定　　　　　　　　　　室温＿＿℃

序号	HAC 体积/mL	去离子水体积/mL	HAC 浓度/mol·L^{-1}	pH 值
1	6.00	42.00		
2	12.00	36.00		
3	24.00	24.00		
4	48.00	0.00		

（三）醋酸溶液 pH 值的测定

将已配制好的不同浓度的醋酸，按浓度由小到大的次序，分别用酸度计测量出其 pH 值。然后计算各溶液的解离常数和解离度，取其平均值作为最终结果，并计算出相对误差。

六、思考题

（1）如何从测得的醋酸溶液的 pH 值计算醋酸的解离常数 K_a 和解离度？

（2）当醋酸溶液的浓度和温度改变后，其解离常数和解离度是否改变？

（3）为什么电极要用去离子水洗？洗完后为什么要用滤纸擦干？

（4）使用电极时要注意哪些问题？

（5）滴定时指示剂用量为什么不能太多？

（6）当醋酸完全被氢氧化钠中和时，反应终点的 pH 值是否等于 7？为什么？

（7）滴定管使用前应做哪些准备？

实验四　　溶液中的离子平衡

一、实验目的

(1) 理解解离平衡、水解平衡、沉淀溶解平衡和同离子效应的基本原理。

(2) 学习缓冲溶液的配制方法并试验其性质。

(3) 掌握沉淀的生成、溶解和转化的条件。

(4) 掌握离心分离操作和离心机、pH 试纸的使用方法。

二、实验原理

同离子效应即浓度对解离平衡和沉淀溶解平衡的影响，它可使弱电解质的解离度降低；使沉淀溶解平衡逆向移动，难溶电解质的溶解度降低。

盐的水解可使盐溶液显示酸性或碱性。形成盐的酸或碱越弱，盐的水解度越大；当一种水解显示酸性的盐和一种水解显示碱性的盐相混合时，能加剧盐的水解，使盐的水解反应基本进行到底。例如：

$$2NH_4Cl + Na_2CO_3 + H_2O \rightleftharpoons 2NH_3 \cdot H_2O + CO_2 + 2NaCl$$

缓冲溶液可由弱酸及其盐（或弱碱及其盐）配制。当在缓冲溶液中加入少量酸或少量碱或稀释时，缓冲溶液的 pH 值不会有显著的变化。其 $[H^+]$ 或 $[OH^-]$ 计算公式为：

$$[H^+] = K_a C_{酸}/C_{盐} \qquad [OH^-] = K_b C_{碱}/C_{盐}$$

根据溶度积规则，可以判断溶液中难溶电解质的生成与溶解。

沉淀溶解的方法有如下 3 种：(1) 生成弱电解质使沉淀溶解；(2) 氧化还原反应使沉淀溶解；(3) 生成配位化合物使沉淀溶解。

如果溶液中含有多种离子均能与加入的沉淀剂生成难溶电解质，其离子积 Q_{sp} 首先超过溶度积 K_{sp} 的难溶电解质先沉淀，这种现象称为分步沉淀。

沉淀的转化是把一种沉淀转化为另一种沉淀，一般来说，溶度积 K_{sp} 较大的难溶电解质总是转化为溶度积较小的难溶电解质。

三、实验仪器、试剂和材料

仪器：酸度计、复合电极、试管、离心试管、烧杯（100mL，6 个）、量筒（100mL）、离心机、滴管、酒精灯、试管夹、表面皿、玻璃棒、药匙。

试剂：

酸：HNO_3(6mol/L)、HCl(6mol/L、0.2mol/L)、HAC(0.2mol/L)；

碱：NaOH(0.2mol/L)、$NH_3 \cdot H_2O$(6.0mol/L)；

盐：NaAC（0.2mol/L）、NaCl（0.1mol/L）、Na_2HPO_4（0.1mol/L）、NaH_2PO_4（0.1mol/L）、Na_3PO_4（0.1mol/L）、Na_2SO_4（0.5mol/L）、Na_2CO_3（饱 和）、Na_2S

（0.1mol/L）、NH_4Cl（0.1mol/L；1.0mol/L）、KI（0.02mol/L）、K_2CrO_4（0.01mol/L）、$AgNO_3$（0.01mol/L）、$CaCl_2$（0.5mol/L）、$Pb(NO_3)_2$（0.01mol/L）、NH_4AC（0.1mol/L）、$CrCl_3$（0.1mol/L）、$MgCl_2$（0.1mol/L）；

甲基橙、酚酞、三氯化锑（固体）、醋酸铵（固体）、三氯化铁（固体）。

材料：pH 试纸、红色石蕊试纸、白瓷板（或表面皿）一块、火柴。

四、实验内容

（一）同离子效应和解离平衡

（1）在试管中加入 1mL 0.2mol/L 的醋酸溶液和甲基橙溶液，摇匀，溶液显什么颜色？再加入少量醋酸铵固体，摇荡使其溶解，溶液的颜色有何变化？为什么？

（2）在试管中加入 1mL 6mol/L $NH_3 \cdot H_2O$ 溶液和 1 滴酚酞溶液，摇匀，观察溶液显什么颜色。再加入少量 NH_4Ac 固体，摇荡试管使之溶解，观察溶液的颜色有什么变化。试解释之。

（二）缓冲溶液的配制和性质

用酸度计测定自来水的 pH 值，将结果填入表 3-6 中。

在两个各盛 25mL 去离子水的烧杯中，分别加入 5 滴（每滴大约 0.05mL）0.2mol/L HCl 和 0.2mol/L NaOH，分别测定其 pH 值，结果填入表 3-6 中。

在一烧杯中加入 25mL 0.2mol/L 的醋酸和 25mL 0.2mol/L NaAC 溶液混合均匀测其 pH 值。将溶液分为两份，一份滴入 5 滴 0.2mol/L 的盐酸；另一份加入 5 滴 0.2mol/L 的 NaOH，分别测定溶液的 pH 值，将实验结果填入表 3-6 中。

分析上述三组实验结果，对缓冲溶液的性质做出结论。

表 3-6　溶液 pH 值的测定与计算

pH 值	纯水	25mL 纯水中加 5 滴		缓冲溶液	25mL 缓冲溶液中加 5 滴	
		0.2mol/L HCl	0.2mol/L NaOH		0.2mol/L HCl	0.2mol/L NaOH
实验测定值						
计算值						

（三）盐类的水解

（1）将 pH 试纸撕成小块放在表面皿上用，用玻璃棒蘸取浓度为 0.1mol/L 的表 3-4 中的各溶液并滴在 pH 试纸上，测定其 pH 值，将实验测定值与理论计算值填入表 3-7 中，其中后三种盐的 pH 计算值不做要求。

表 3-7　盐溶液 pH 值的测定与计算

pH 值	NH_4Cl	NH_4AC	NaAC	NaCl	NaH_2PO_4	Na_2HPO_4	Na_3PO_4
测定值							
计算值							

（2）取少量固体三氯化铁，加水约 5mL 溶解，观察溶液的颜色。将溶液分为三份，一份留作比较，第二份在小火上加热煮沸，在第三份上加几滴 6.0mol/L 的硝酸，观察现象，写出反应方程式，并解释实验现象。

（3）取三氯化锑固体少许加 2~3mL 去离子水溶解，观察到何现象？用 pH 试纸测定该溶液的 pH 值，然后滴加 6.0mol/L 的 HCl，振荡试管，观察到何现象？取澄清的三氯化锑溶液滴入 3~4mL 水中又观察到何现象？写出反应方程式并解释。

根据上述实验，归纳影响水解平衡的因素。

（4）在一支装有 1mL 1.0mol/L NH_4Cl 的试管中，加入 1mL 饱和 Na_2CO_3 溶液，并立即用湿润的红色石蕊试纸在试管口检验是否有氨气产生（可将试管微热），写出反应方程式。

（5）在试管中加入 1mL $CrCl_3$ 溶液，再加入 1mL 饱和 Na_2CO_3 溶液，观察有何现象出现？写出反应的离子方程式。

（四）沉淀的生成

（1）在试管中加入 2 滴 0.01mol/L $Pb(NO_3)_2$ 溶液和 2 滴 0.02mol/L KI 溶液，振荡试管，观察有无沉淀产生？再加入 5mL 水，振荡后观察沉淀是否溶解？解释现象。

（2）在 2 支试管中各加入 0.5mL 0.1mol/L $MgCl_2$ 溶液，再滴加 6.0mol/L $NH_3 \cdot H_2O$ 溶液，至沉淀生成。然后在其中一支试管中加入几滴 6.0mol/L HCl 溶液，观察现象。在另一支试管中加入几滴 1mol/L NH_4Cl 溶液，观察现象并做出解释。

（五）分步沉淀

（1）在两支试管中分别加入几滴 0.01mol/L K_2CrO_4，然后在一支试管中滴加 0.01mol/L $Pb(NO_3)_2$ 溶液；在另一支试管中滴加 0.01mol/L $AgNO_3$ 溶液，观察沉淀颜色。

在试管中加入 0.01mol/L $AgNO_3$ 溶液和 0.01mol/L $Pb(NO_3)_2$ 溶液各 1mL，混匀。然后逐滴加入 0.01mol/L K_2CrO_4 溶液，每加一滴都要充分振荡至溶液颜色不变为止，观察颜色的变化。

（2）在试管中加入 1mL 0.01mol/L 的 Na_2S 溶液和 2mL 0.01mol/L 的 K_2CrO_4 溶液，摇匀。然后逐滴加入 0.01mol/L 的 $Pb(NO_3)_2$ 溶液直至生成大量沉淀，用离心机离心分离，观察试管底部沉淀的颜色；然后再向清液中继续滴加 0.01mol/L $Pb(NO_3)_2$ 溶液，观察此时生成的沉淀的颜色，指出这两种沉淀各是什么物质。

（六）沉淀的溶解与转化

（1）在两支试管中各加入 1mL 0.5mol/L 的 $CaCl_2$ 和 1mL 0.5mol/L 的 Na_2SO_4 溶液，振荡试管生成沉淀，离心分离，弃去清液，在一支含有沉淀的试管中，加入 10mL 0.2mol/L HCl 溶液，观察沉淀是否溶解；在另一支含有沉淀的试管中加入 1mL 饱和 Na_2CO_3 溶液，充分振荡几分钟，使沉淀转化，离心分离，弃去清液，用去离子水洗涤沉淀 1~2 次，然后在沉淀中加入 5mL 0.2mol/L 的盐酸溶液，观察现象并解释。

（2）取 5 滴 0.01mol/L $AgNO_3$ 溶液，加入 2 滴 0.1mol/L NaCl 溶液观察沉淀的生成，再逐滴加入 6.0mol/L 的氨水，观察到什么现象？写出反应方程式并解释。

（3）取 10 滴 0.01mol/L $AgNO_3$ 溶液，加入 3~4 滴 0.1mol/L Na_2S 溶液观察沉淀的生成。离心分离，弃去清液，在沉淀物上加少许 6.0mol/L HNO_3，加热，观察到何现象产生？写出反应方程式并解释。

（七）沉淀法分离混合离子（选做）

在试管中加入 0.01mol/L $AgNO_3$ 溶液 5 滴、0.01mol/L $Pb(NO_3)_2$ 溶液 20 滴、0.5mol/L $CaCl_2$ 溶液 2 滴混合成混合离子溶液，试根据前面实验，找出分离这三种离子的方法，并通过实验证明之，同时绘出分离过程示意图。

五、思考题

（1）同离子效应对弱电解质的解离度和难溶电解质的溶解度各有什么影响？

（2）如将同浓度的 $AgNO_3$ 溶液和 $Pb(NO_3)_2$ 溶液等体积混合，然后逐滴加入 K_2CrO_4 溶液，应为何现象？为什么？

（3）实验室配制 $SnCl_2$、$BiCl_3$ 等溶液时，应如何操作？

（4）缓冲溶液的缓冲原理是什么？实验室配制缓冲溶液时为保持其较大的缓冲能力，应该注意什么？

（5）沉淀溶解的方法有几种？如欲溶解 HgS 沉淀，应加入何种试剂？写出反应方程式。

六、附录

pH 试纸的使用

使用试纸时，应将试纸撕成小块，放于白瓷板或表面皿中，然后用玻璃棒蘸取待测液涂于试纸上将试纸润湿，将试纸所显示的颜色与试纸标板上的颜色进行对照，判断溶液的 pH 值。不能将试纸直接放入溶液中，也不能将试纸直接放在桌面上。

离心分离

少数溶液与沉淀的分离，常用离心分离法，所用的仪器一般为离心机（如图3-9 所示）。离心分离时，将盛有沉淀的试管放入离心机的套管中，以使离心机保持平衡。防止高速旋转时引起振动而损坏离心机和离心试管，试管要对称地放置。如果只有一支试管中的沉淀需要离心分离，则可另取一支空试管盛以相同质量的水放入对称的套管中以保持平衡。盖上机盖，然后慢慢启动离心机，逐渐加速。速度调到 2~3 档即可，旋转 1~2min 后，关闭离心机电源让其自然停止转动。切勿用手或其他方法强行停止，以免发生危险。

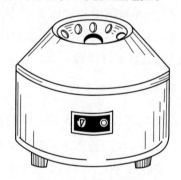

图 3-9　电动离心机

离心后，沉淀沉入试管的底部；可用一干净的滴管，将清液吸出，注意滴管的底部不应接触沉淀。如果沉淀需要洗涤，加入少量去离子水，搅拌后再离心分离即可。

实验五　氧化还原反应

一、实验目的

（1）验证氧化还原反应与电极电势的关系。
（2）了解氧化剂与还原剂的相对性。
（3）掌握浓度、pH 值对氧化还原反应的影响。

二、实验原理

根据物质氧化还原能力的大小，可以判断其电对的电极电势的大小。氧化还原电对中，氧化态物质得电子能力越强，其电极电势越大；还原态物质失电子能力越强，其电极电势越小。当两个电对发生氧化还原反应时，做氧化剂的电对的电极电势总是大于做还原剂的电对的电极电势。氧化还原电对中氧化型或还原型物质的浓度和介质的酸度对电极电势的影响较大，甚至会影响氧化还原反应的方向。

如果物质中某元素处于中间价态，则此物质既可做氧化剂又可做还原剂。例如 H_2O_2 一般做氧化剂，被还原成 H_2O，其电极反应如下：

$$H_2O_2 + 2H^+ + 2e^- \rightleftharpoons 2H_2O$$
$$E^{\ominus}(H_2O_2/H_2O) = 1.776V$$

但如果遇到强氧化剂（如 $KMnO_4$）时，H_2O_2 做还原剂被氧化成氧气：

$$O_2 + 2H^+ + 2e^- \rightleftharpoons H_2O_2$$
$$E^{\ominus}(O_2/H_2O_2) = 0.628V$$

参加氧化还原反应的各物质的浓度对氧化还原反应的影响很大，例如实验室制氯气反应：

$$MnO_2 + HCl \longrightarrow MnCl_2 + Cl_2 + H_2O$$
$$E^{\ominus}(MnO_2/Mn^{2+}) = 1.23V, \ E^{\ominus}(Cl_2/Cl^-) = 1.36V$$

从理论上讲，在标准状态时此反应正向不能进行，但如果增加盐酸的浓度，Cl_2/Cl^- 电对的电极电势就会降低，从而可使反应正向进行。

含氧酸及其盐的氧化性受介质条件影响非常大，如 $KMnO_4$ 溶液做氧化剂时，在酸性、中性、碱性条件下分别被还原成 Mn^{2+}、MnO_2、K_2MnO_4。

三、实验仪器和试剂

仪器：50mL 烧杯（4 个）、伏特计（或酸度计或万用表）、U 形管、电极（锌片、铜片、铁片、碳棒，上面打有小孔）、导线、砂纸、小试管（10 个）、离心试管（2 个）、试管架、滴管、玻璃棒、酒精灯、石棉网。

试剂：

酸：H_2SO_4(4mol/L)、HCl(浓，1mol/L)；

碱：NaOH(2mol/L、6mol/L)、浓 $NH_3\cdot H_2O$；

盐：Na_2SO_3(0.1mol/L，现配)、$K_2Cr_2O_7$(0.1mol/L)$K_3[Fe(CN)_6]$(0.1mol/L，现配)、$KMnO_4$(0.01mol/L)、KI(0.1mol/L、2mol/L)、KBr(0.1mol/L)、$KBrO_3$(0.1mol/L)、$ZnSO_4$(0.1mol/L)、H_2O_2(3%，现配)、$FeCl_3$(0.1mol/L)、$FeSO_4$(0.5mol/L、0.1mol/L，现配)、$CuSO_4$(1mol/L、0.1mol/L)。

其他：Br_2 水（饱和，现配）、I_2 水（饱和，现配）、CCl_4、MnO_2（固体）、淀粉碘化钾试纸、琼脂、氯化钾（固体）、脱脂棉。

四、实验内容

（一）浓度和酸度对电极电势的影响

1. 浓度对电极电势的影响

在两只 50mL 烧杯中分别注入 20mL 0.1mol/L $ZnSO_4$ 溶液和 0.1mol/L $CuSO_4$ 溶液。在 $ZnSO_4$ 溶液中插入锌片，$CuSO_4$ 溶液中插入铜片组成两个电极，中间以盐桥相通。用导线将锌片和铜片（如有生锈，可用砂纸稍打磨）分别与伏特计（或酸度计）的负极和正极相接（可选最小量程），组成原电池（如图 3-10 所示），测量两极之间的电压。

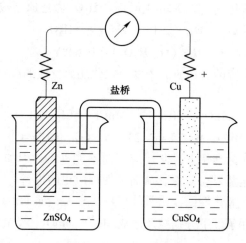

图 3-10　Cu-Zn 原电池

在 $CuSO_4$ 溶液中注入浓氨水至生成的沉淀溶解为止，形成深蓝色的溶液：

$$Cu^{2+} + 4NH_3 \rightleftharpoons [Cu(NH_3)_4]^{2+}$$

观察原电池的电压有何变化。

再在硫酸锌溶液中，加浓氨水至生成的沉淀完全溶解为止：

$$Zn^{2+} + 4NH_3 \rightleftharpoons [Zn(NH_3)_4]^{2+}$$

观察电压又有何变化。

利用能斯特方程式来解释上述实验中电压变化的原因。

自行设计并测定硫酸铜浓差电池电动势。将实验测定值与计算值进行比较。（选做）

2. 酸度对电极电势的影响

在两只 50mL 烧杯中分别注入 0.1mol/L 重铬酸钾溶液和硫酸亚铁溶液各 20mL。在硫酸亚铁溶液中插入铁片，重铬酸钾溶液中插入炭棒组成两个半电池。将铁片和炭棒通过导线分别与伏特计正负极连接，中间以盐桥相通，测量两极的电压。

在重铬酸钾的溶液中慢慢加入 4mol/L 硫酸溶液，观察电压有什么变化？再在重铬酸钾溶液中，逐滴加入 6mol/L 氢氧化钠溶液，观察电压又有什么变化。

（二）氧化还原反应与电极电势

（1）I^- 和 Br^- 的还原性。在试管中加入 1mL 0.1mol/L KI 溶液和 4~5 滴 0.1mol/L $FeCl_3$ 溶液，再加入 0.5mL 的 CCl_4，振荡试管，观察水层和 CCl_4 层的颜色。然后用吸管吸取上层的水溶液置于另一试管中，加水 2~3mL 稀释后，滴入 5~6 滴 0.1mol/L $K_3[Fe(CN)_6]$ 溶液，观察水溶液的颜色有何变化。反应方程式如下：

$$Fe^{2+} + 2[Fe(CN)_6]^{3-} \rightleftharpoons Fe_3[Fe(CN)_6]_2(蓝)$$

用 0.1mol/L KBr 溶液代替 KI 溶液，重做上述实验，观察 CCl_4 层和水层的颜色变化。

$$3Fe^{3+} + [Fe(CN)_6]^{3-} \rightleftharpoons Fe[Fe(CN)_6](棕)$$

根据上述实验结果，比较 Br^- 和 I^- 还原性的强弱。

（2）Br_2 和 I_2 的氧化性。在 2 支试管中，分别滴入饱和溴水及碘水各 1mL，然后各加入 0.5mL 0.1mol/L $FeSO_4$ 溶液。观察反应现象，检验是否有 Fe^{3+} 存在，说明 Br_2 和 I_2 氧化性的强弱。

由上述实验（1）和实验（2）的结果，定性比较 Br_2/Br^-、I_2/I^-、Fe^{3+}/Fe^{2+} 三个电对电极电势的大小。

（三）氧化剂与还原剂的相对性

（1）在试管中加入数滴 0.1mol/L KI 溶液，再加入 2 滴 4mol/L H_2SO_4 酸化，然后逐滴加入 3% H_2O_2 溶液，振荡并观察现象。写出反应方程式，并说明 H_2O_2 在此反应中做氧化剂还是还原剂？

（2）在试管中加入数滴 0.01mol/L KMnO₄ 溶液，再加入 2 滴 4mol/L H₂SO₄ 酸化，然后滴加 3% H₂O₂ 溶液，振荡并观察溶液颜色的变化。写出反应方程式，并说明 H₂O₂ 在此反应中显示什么性质。

（四）浓度对氧化还原反应的影响

在 2 支试管中各加入 MnO₂ 固体约 1g，向一支试管中加 1mL 浓 HCl，向另一支试管中加 1mL 1mol/L 的 HCl，观察现象。在两支试管口各放一条湿的淀粉碘化钾试纸，观察试纸颜色有无变化。

（五）介质对氧化还原反应的影响

（1）在 2 支试管中各加入 0.1mol/L KI 溶液 1mL，在其中一支试管中加入数滴 4mol/L H₂SO₄ 酸化，然后分别逐滴加入 0.1mol/L KBrO₃ 溶液，振荡并观察现象，写出反应方程式并解释。

（2）在 3 支试管中各加入 10 滴 0.01mol/L KMnO₄ 溶液。然后向第一支试管中加入 5 滴 4mol/L H₂SO₄，向第二支试管中加入 5 滴 6.0mol/L NaOH，向第三支试管中加入 5 滴水。然后再向各试管中分别滴加 0.1mol/L Na₂SO₃ 溶液数滴，振荡并观察现象，写出反应方程式。

五、思考题

（1）为什么 H₂O₂ 既可以做氧化剂又可以做还原剂？何时做氧化剂？何时做还原剂？

（2）为什么 MnO₂ 能与浓盐酸反应而不能与稀盐酸反应？

（3）介质对物质的氧化还原性有何影响？

六、附录

盐桥的制法

称取 1g 琼脂，放入 100mL 饱和氯化钾溶液中浸泡一会，加热煮成糊状，趁热倒入 U 形玻璃管（里面不能有气泡）中，冷却后即成。

更为简便的方法可用饱和氯化钾溶液装满 U 形玻璃管，两管口以硝化棉球塞住（管里面不要有气泡）即可使用。

实验六　配位化合物

一、实验目的

（1）了解配位化合物的生成、组成和离解。
（2）了解配位化合物的颜色，配离子之间、配离子与沉淀之间的转化。
（3）利用配位反应分离混合离子。
（4）熟悉生成配合物及检验其性质的基本操作。

二、实验原理

配位化合物由内界和外界组成，内界又称为配离子（或配分子），其组成可通过实验测定。配离子在溶液中发生微弱的解离，存在解离平衡。例如：

$$[Cu(NH_3)_4]^{2+} \rightleftharpoons Cu^{2+} + 4NH_3$$

此平衡可向生成更难离解或更难溶解的物质的方向移动，即配离子和配离子之间、配离子和沉淀之间可以相互转化。转化方向可通过 K_f 和 K_{sp} 进行计算。

当物质生成配位化合物后，其性质如颜色、溶解度、氧化还原性等都会发生很大的变化。据此可以对物质进行鉴定、分离。

三、仪器和试剂

仪器：小试管（10个）、离心试管（2个）、试管架、滴管、玻璃棒、离心机。

试剂：

酸：HNO_3(6mol/L)；

碱：NaOH(2mol/L、6mol/L)、$NH_3 \cdot H_2O$(2mol/L、6mol/L，现配)；

盐：KI(0.1mol/L、1mol/L)、KBr(0.1mol/L、1mol/L)、$FeCl_3$(0.1mol/L)、$CuSO_4$(0.1mol/L)、$BaCl_2$(1mol/L)、$AgNO_3$(0.1mol/L)、NaCl(1mol/L、0.1mol/L)、$Pb(NO_3)_2$(0.1mol/L)、KSCN(0.1mol/L)、$CuCl_2$(1mol/L)、NaF(0.1mol/L)、Na_2S(0.5mol/L，现配)、$AlCl_3$(0.1mol/L)、$NaCO_3$(0.1mol/L)、$Na_2S_2O_3$(1mol/L，饱和)、$NiSO_4$(0.1mol/L)、0.5%丁二酮肟（称取0.5g丁二酮肟溶解于50mL氨水中、用去离子水稀释到100mL）。

四、实验内容

（一）配位化合物的生成和组成

在两支试管中各加入20~30滴0.1mol/L $CuSO_4$ 溶液，然后分别加入2滴1mol/L $BaCl_2$ 溶液和2mol/L NaOH溶液，观察现象（两者是检验 SO_4^{2-} 和 Cu^{2+} 的

方法）。

另取 30 滴 0.1mol/L CuSO₄ 溶液，加入 6mol/L 氨水至生成深蓝色溶液后再多加数滴，然后将深蓝色溶液分盛在三支试管中，在前两支试管中分别加入 2 滴 1mol/L BaCl₂ 和 2mol/L NaOH，观察现象。第三支试管保留以供（二）中（2）使用。

（二）配离子的离解平衡及其移动

（1）在两支试管中各加入 10 滴 0.1mol/L AgNO₃ 溶液，再分别加入 2 滴 2mol/L NaOH 和 0.1mol/L KI 溶液，各有什么现象发生？

另取一支试管，加入 10 滴 0.1mol/L AgNO₃ 溶液，滴加 2mol/L 氨水直至生成的沉淀又溶解时再多加数滴，将所得的溶液分盛在 2 支试管中。分别加入 2 滴 2mol/L NaOH 和 0.1mol/L KI 溶液，观察现象并解释，写出反应方程式。

（2）在（一）中保留的溶液中，加入几滴 0.5mol/L Na₂S 溶液，振荡并观察现象。

（三）配离子的颜色

（1）在一支试管中滴入 5 滴 0.1mol/L FeCl₃，加入 1 滴 0.1mol/L KSCN 溶液，观察现象，写出反应方程式。将溶液保留以供（四）中（1）使用。

（2）在一支试管中加入 5 滴 1mol/L CuCl₂，逐滴加入浓盐酸，观察溶液颜色的变化，然后逐渐加水稀释，观察颜色有何变化并解释现象。

（3）在 NiSO₄ 溶液（0.1mol/L）中加入 NH₃·H₂O 溶液（6.0mol/L），观察溶液的颜色。然后加入 2 滴丁二酮肟，注意生成物的颜色和状态。

（四）配离子之间、配离子与沉淀之间的相互转化

（1）在（三）中（1）保留的溶液中，逐滴加入 0.1mol/L NaF 溶液，观察现象并写出反应方程式。

（2）在 10 滴 0.1mol/L AgNO₃ 中，加入等量的 0.1mol/L NaCl 溶液，离心分离，弃去清液，在沉淀中加入约 2mL 6mol/L 氨水，沉淀是否溶解？为什么？然后在此溶液中加入 6mol/L HNO₃，则又有白色沉淀出现，为什么？

（3）在 2 滴 0.1mol/L Pb(NO₃)₂ 溶液中，逐滴加入 1mol/L KI 溶液，观察有何现象。继续滴加 KI 溶液，又有何现象？试解释之并写出反应方程式。

（4）在一支试管中加入 5 滴 0.1mol/L AgNO₃，然后依次加入下列试剂：

1）滴加 0.1mol/L NaCO₃ 至产生白色 Ag₂CO₃ 沉淀：

$$CO_3^{2-} + 2Ag^+ \xrightarrow{} Ag_2CO_3 \downarrow$$

2）滴加 2mol/L NH₃·H₂O 至沉淀溶解：

$$Ag_2CO_3 + 2NH_3 \cdot H_2O =\!=\!= [Ag(NH_3)_2]_2CO_3 + 2H_2O$$

3）滴加 1 滴 1mol/L NaCl 至产生白色 AgCl 沉淀：

$$[Ag(NH_3)_2]^+ + Cl^- =\!=\!= AgCl\downarrow + 2NH_3$$

4）滴加 6mol/L NH_3·H_2O 至沉淀溶解：

$$AgCl + 2NH_3 \cdot H_2O =\!=\!= [Ag(NH_3)_2]^+ + Cl^- + 2H_2O$$

5）滴加 1 滴 1mol/L KBr 至产生浅黄色 AgBr 沉淀：

$$[Ag(NH_3)_2]^+ + Br^- =\!=\!= AgBr\downarrow + 2NH_3$$

6）滴加 1mol/L Na_2S_2O_3 至沉淀溶解：

$$AgBr + 2S_2O_3^{2-} =\!=\!= [Ag(S_2O_3)_2]^{3-} + Br^-$$

7）滴加 1 滴 1mol/L KI 至产生黄色 AgI 沉淀：

$$[Ag(S_2O_3)_2]^{3-} + I^- =\!=\!= AgI\downarrow + 2S_2O_3^{2-}$$

8）滴加饱和 Na_2S_2O_3 至沉淀溶解：

$$AgI\downarrow + S_2O_3^{2-}(饱和) =\!=\!= [Ag(S_2O_3)_2]^{3-} + I^-$$

9）滴加 0.5mol/L Na_2S 至产生黑色 Ag_2S 沉淀；

$$2[Ag(S_2O_3)_2]^{3-} + S^{2-} =\!=\!= Ag_2S\downarrow + 4S_2O_3^{2-}$$

（五）利用配位反应分离混合离子（选做）

取 0.1mol/L AgNO_3、0.1mol/L CuSO_4、0.1mol/L AlCl_3 各 5 滴，混合并设法分离这三种离子，画出分离过程示意图。

五、思考题

（1）怎样根据实验的结果推测配离子的生成、组成和离解？

（2）铜氨配离子为什么不能与氢氧化钠反应而能与硫化钠反应？

（3）配位反应在生产或生活中有哪些实际应用？

六、附录

实验现象及方程式

向硝酸银溶液中逐滴滴入氨水，开始有沉淀，而后沉淀溶解。反应方程式：

$$Ag^+ + NH_3 \cdot H_2O =\!=\!= AgOH\downarrow + NH_4^+$$

$$2NH_3 \cdot H_2O + AgOH =\!=\!= [Ag(NH_3)_2]^+ + OH^- + 2H_2O$$

向氨水中滴加硝酸银溶液，无明显现象产生。反应方程式：

$$2NH_3 \cdot H_2O + Ag^+ =\!=\!= [Ag(NH_3)_2]^+ + H_2O$$

实验七　卤素和硫

一、实验目的

（1）掌握卤素和硫元素及其化合物的性质。
（2）掌握卤素和硫元素常见离子的鉴定方法。

二、实验原理

卤素是周期表中ⅦA族元素，它们常见的价态为-1价，但在一定条件下，也可以生成氧化数为+1、+3、+5、+7价的化合物，如次氯酸、氯酸、高氯酸等。

卤素都是氧化剂，它们的氧化性按下列顺序变化：

$$F_2 < Cl_2 < Br_2 < I_2$$

而卤素离子的还原性，按相反顺序变化：

$$I^- > Br^- > C^- > F^-$$

例如：HI可将浓H_2SO_4还原为H_2S，HBr可将浓H_2SO_4还原为SO_2，而HCl则不能还原浓H_2SO_4。

卤素的正价化合物如卤酸盐、次卤酸盐在酸性环境中具有很强的氧化性。

Cl^-能与$AgNO_3$反应生成白色沉淀AgCl，加入氨水后，白色沉淀消失生成无色溶液，再用硝酸酸化，沉淀重新出现。

$$AgNO_3 + Cl^- \rightleftharpoons AgCl \downarrow + NO_3^-$$

$$AgCl + 2NH_3 \rightleftharpoons [Ag(NH_3)_2]^+ + Cl^-$$

$$[Ag(NH_3)_2]^+ + Cl^- + 2H^+ \rightleftharpoons AgCl \downarrow + 2NH_4^+$$

此法可用来鉴定Cl^-离子的存在。

I^-和Br^-被Cl_2氧化为Br_2和I_2后，利用Br_2和I_2在CCl_4中的颜色不同来鉴别。

硫是周期表中ⅥA族元素，硫原子的价电子层构型为ns^2np^4，能形成氧化数-2、+4、+6等的化合物。

H_2S中的S的氧化数是-2，它是强还原剂。H_2S可与多种金属离子生成不同颜色的金属硫化物沉淀，例如ZnS（白色）、CdS（黄色）、CuS（黑色）、HgS（黑色）。金属硫化物在水中的溶解度是不同的，例如Na_2S可溶；ZnS难溶于水，但易溶于稀盐酸；CuS不溶于盐酸，须用硝酸溶解。根据金属硫化物的溶解度和颜色的不同，可以用来分离和鉴定金属离子。

S^{2-}能与稀酸反应产生H_2S气体。可以根据H_2S特有的腐蛋臭味，或能使$Pb(Ac)_2$试纸变黑（由于生成PbS）的现象而检验出S^{2-}；此外在弱碱性条件下，它能与亚硝酰铁氰化钠 $Na_2[Fe(CN)_5NO]$ 反应生成红紫色配合物，利用这种特征反应也能鉴定 S^{2-}。

$$S^{2-} + [Fe(CN)_5NO]^{2-} \Longrightarrow [Fe(CN)_5NOS]^{4-}$$

可溶性硫化物与硫作用可以形成多硫化物，例如：

$$Na_2S + (x-1)S \Longrightarrow Na_2S_x$$

多硫化物在酸性介质中不稳定，极易分解成 H_2S 和 S。

SO_2 溶于水生成亚硫酸。H_2SO_3 及其盐常用作还原剂，但遇强还原剂时，也起氧化剂的作用。SO_2 和某些有色的有机物生成无色加成物，所以具有漂白性，但这种加成物受热易分解。

SO_3^{2-} 能与 $Na_2[Fe(CN)_5NO]$ 反应而生成红色化合物，加入硫酸锌的饱和溶液和 $K_4[Fe(CN)_6]$ 溶液，可使红色显著加深（其组成尚未确定）。利用这个反应可以鉴定 SO_3^{2-} 的存在。

$Na_2S_2O_3$ 是硫代硫酸的盐。硫代硫酸不稳定，易分解为 S 和 SO_2，其反应为：

$$Na_2S_2O_3 \Longrightarrow H_2O + S\downarrow + SO_2$$

$Na_2S_2O_3$ 是常用的还原剂，能将 I_2 还原为 I^-，而其本身被氧化为连四硫酸钠，其反应为：

$$2Na_2S_2O_3 + I_2 \Longrightarrow Na_2S_4O_6 + 2NaI$$

$S_2O_3^{2-}$ 与 Ag^+ 生成白色硫代硫酸银沉淀，但能迅速变黄色，变棕色，最后变为黑色的硫化银沉淀。这是 $S_2O_3^{2-}$ 最特殊的反应之一，可用来鉴定 $S_2O_3^{2-}$ 的存在。

S^{2-} 可以和稀盐酸反应生成带有腐臭味的 H_2S 气体，H_2S 能使湿润的 $Pb(AC)_2$ 试纸变黑，从而检验出 S^{2-} 的存在，其反应式为：

$$H_2S + Pb(Ac)_2(白) \Longrightarrow PbS\downarrow + 2HAc$$

三、实验仪器、试剂和材料

仪器：试管、酒精灯、离心机、点滴板（或表面皿）。

试剂：

酸：HCl（2mol/L、6mol/L、浓）、H_2SO_4（浓、6mol/L）、HAc（2mol/L）、HNO_3（浓、2mol/L）；

碱：$NH_3 \cdot H_2O$（2mol/L）；

盐：KI（0.1mol/L）、$Hg(NO_3)_2$（0.1mol/L）、NaCl（0.1mol/L）、Na_2S（0.1mol/L，现配）、$ZnSO_4$（饱和，0.1mol/L）、$CdSO_4$（0.1mol/L）、$CuSO_4$（0.1mol/L）、$KClO_3$（饱和）、$AgNO_3$（0.1mol/L）、KBr（0.1mol/L）、NaClO（1mol/L，现配）1%$Na_2[Fe(CN)_5NO]$（现配）、$K_4[Fe(CN)_6]$（0.1mol/L，现配）、$Na_2S_2O_3$（0.1mol/L，现配）Na_2SO_3（0.1mol/L，现配）。

固体：NaCl、KBr、KI。

其他：Br$_2$ 水、I$_2$ 水、淀粉试剂、品红溶液（0.1%）、CCl$_4$、醋酸铅试纸、淀粉碘化钾试纸、火柴、pH 试纸。

四、实验内容

（一）卤化氢的还原性

在 3 支干燥的试管中分别加入黄豆粒大小的 NaCl、KBr、KI 固体，再分别加入 2~3 滴浓硫酸（应逐个进行实验），观察反应物的颜色和状态，并分别用湿润的 pH 试纸、淀粉碘化钾试纸、醋酸铅试纸在三个管口检验逸出的气体。写出反应方程式，比较 HCl、HBr、HI 的还原性。

（二）卤素含氧酸的氧化性

1. 次氯酸盐的氧化性

在 3 个试管中各加入 2mL 的 1mol/L NaClO 溶液，然后在第一支试管中加入 10 滴 6mol/L HCl，用湿润的淀粉碘化钾试纸检验逸出的气体；在第二支试管中加入 5 滴 0.1mol/L KI 溶液、几滴 6mol/L HCl 及 1 滴淀粉溶液；在第三支试管中加 3 滴品红溶液和几滴 6mol/L HCl，观察现象并判断反应产物，写出反应方程式。

根据上面的试验，说明 NaClO 具有什么性质。

如果将 Br$_2$ 水逐滴加入 NaOH 溶液至碱性为止，再用上面的方法试验，是否也有相似的现象出现？

2. 氯酸盐的氧化性

在 10 滴饱和 KClO$_3$ 溶液中，加入 2~3 滴浓 HCl，试证明有 Cl$_2$ 产生。写出反应方程式。

在 2~3 滴 0.1mol/L KI 溶液中加入 4 滴饱和 KClO$_3$ 溶液，再逐滴加入 6mol/L H$_2$SO$_4$，不断摇荡，观察溶液先呈黄色，又变为紫黑色，最后为无色，判断每一步的反应产物，并写出反应方程式。

（三）Cl$^-$、Br$^-$、I$^-$ 的鉴定

取 3 滴 0.1mol/L NaCl 溶液和 2 滴 2mol/L HNO$_3$ 溶液，加入 3 滴 0.1mol/L AgNO$_3$，观察沉淀颜色，在沉淀中加入数滴 2mol/L 的氨水溶液，摇荡溶解沉淀，再加数滴 2mol/L HNO$_3$ 溶液，观察又有沉淀产生，写出有关的离子方程式。

取 2 滴 0.1mol/L KBr 溶液，加 1 滴 6mol/L H$_2$SO$_4$ 溶液和 0.5mol/L CCl$_4$ 溶液，再逐滴加入饱和 KClO$_3$，边加边摇荡，观察 CCl$_4$ 层颜色的变化，确认 Br$^-$ 的存在。

用 0.1mol/L KI 溶液代替 KBr 重复上述实验,确认 I^- 的存在。

(四) 硫化物的溶解性

在 5 支试管中分别加入 0.1mol/L NaCl、0.1mol/L $ZnSO_4$、0.1mol/L $CdSO_4$、0.1mol/L $CuSO_4$、0.1mol/L $Hg(NO_3)_2$ 溶液各 10 滴,然后各加 10 滴 0.1mol/L Na_2S 溶液,观察是否都有沉淀析出,记录各种沉淀的颜色。离心分离后,弃去清液,在沉淀中分别加入数滴 2mol/L HCl 溶液,观察沉淀是否溶解;将不溶解的沉淀离心分离,弃去清液,在沉淀中加入 6mol/L HCl 溶液,观察沉淀是否溶解;仍将不溶解的沉淀离心分离,弃去清液,用少量去离子水洗涤沉淀 1~2 次,在沉淀中加数滴浓硝酸并微热,观察沉淀是否溶解,如仍不溶解,再加数滴浓盐酸,使盐酸与硝酸的体积比约为 3:1,并微热使沉淀全部溶解。

根据实验结果,比较上述金属硫化物的溶解性,并记住它们的颜色。

(五) S^{2-} 的鉴定

(1) 在点滴板上,滴 1 滴 0.1mol/L Na_2S,再加 1 滴 1%$Na_2[Fe(CN)_5NO]$,出现紫红色,表示有 S^{2-} 存在。

(2) 在试管中加入 5 滴 0.1mol/L Na_2S,再加入 5 滴 6mol/L HCl,在试管口上盖上 $Pb(Ac)_2$ 试纸(滤纸条上滴 1 滴 $Pb(Ac)_2$ 溶液),微热,试纸变黑表示有 S^{2-} 存在。

(六) SO_3^{2-} 的鉴定

在点滴板上滴加 2 滴饱和 $ZnSO_4$ 溶液,加 1 滴新配的 0.1mol/L $K_4[Fe(CN)_6]$ 和 1 滴新配的 1%$Na_2[Fe(CN)_5NO]$,再滴入 1 滴含 SO_3^{2-} 的溶液,搅动,出现红色沉淀,表示有 SO_3^{2-} 存在(酸能使红色沉淀消失,因此检验 SO_3^{2-} 的酸性溶液时需滴加 2mol/L 氨水使溶液呈中性)。

(七) 硫代硫酸及其盐的性质和 $S_2O_3^{2-}$ 的鉴定

1. $H_2S_2O_3$ 的性质

在 10 滴 0.1mol/L $Na_2S_2O_3$ 溶液中,加入 10 滴 2mol/L HCl,片刻后,观察溶液是否变为混浊,有无 SO_2 的气味?写出反应方程式,并说明 $H_2S_2O_3$ 具有什么性质。

2. $Na_2S_2O_3$ 的性质

在 10 滴碘水中逐滴加入 0.1mol/L $Na_2S_2O_3$,观察碘水颜色是否褪去。写出反应方程式,并说明 $Na_2S_2O_3$ 有什么性质。

3. $S_2O_3^{2-}$ 的鉴定

在点滴板上滴 2 滴 0.1mol/L $Na_2S_2O_3$，加入 0.1mol/L $AgNO_3$，直至产生白色沉淀，观察沉淀颜色的变化（由白→黄→棕→黑）。利用 $Ag_2S_2O_3$ 分解时颜色的变化可以鉴定 $S_2O_3^{2-}$。

五、思考题

（1）为什么 H_2S 溶液、Na_2S 溶液、Na_2SO_3 溶液长期放置会失效？

（2）NaClO、$KClO_3$ 与 KI 的反应为何要在硫酸介质中进行？

（3）通 Cl_2（或氯水）于碱性 KI 溶液中，溶液先变成棕色，后又褪色，为什么？写出有关方程式。

（4）用 $AgNO_3$ 试剂检验卤素离子时，为什么要加少量 HNO_3？

（5）利用 $AgNO_3$、NaCl、KBr、KI、$(NH_4)_2CO_3$、$Na_2S_2O_3$ 等溶液设计出能观察到卤化银的颜色及验证其溶解性相对大小的系列试验（每种试剂只准使用一次），用方程式表示。

实验八 氮、硅、磷、锡、铅

一、实验目的

（1）掌握氮、硅、磷、锡、铅元素及其化合物的性质。
（2）掌握元素常见离子的鉴定方法。

二、实验原理

氮和磷是周期表中 VA 族元素，它们原子的价电子层构型为 nS^2nP^3，所以它们的氧化数最高为+5，最低为-3。

硝酸是强酸，也是强氧化剂。硝酸与非金属反应时，常被还原为 NO；与金属反应时，被还原为何种产物取决于硝酸的浓度和金属的活泼性。浓硝酸一般被还原为 NO_2。稀硝酸通常被还原为 NO，当与较活泼的金属如 Fe、Zn、Mg 等反应时，主要被还原为 N_2O。若酸很稀，则主要还原为 NH_3，后者与未反应的酸反应而生成铵盐。

硝酸盐遇热分解，其分解产物随盐中金属元素的不同而不同，但都有氧气放出。硝酸盐的热稳定性较差，加热容易放出氧，和可燃物质混合，极易燃烧而发生爆炸。

亚硝酸是弱酸，可通过亚硝酸盐和稀酸反应而制得，但亚硝酸不稳定，极易分解：

$$2HNO_2 \underset{冷}{\overset{热}{\rightleftharpoons}} H_2O + N_2O_3(浅蓝色) \underset{冷}{\overset{热}{\rightleftharpoons}} NO + NO_2 + H_2O$$

HNO_2 具有氧化性，但它遇强氧化剂时，也可呈还原性。

磷酸盐和磷酸一氢盐中，只有碱金属（除锂外）和铵的盐易溶于水，其他磷酸盐均不溶于水，而大多数磷酸二氢盐均易溶于水。

硅酸是极弱酸，故硅酸钠的水解作用明显，它在一定条件下与 H^+ 作用时，生成硅酸的凝胶。反应方程式：

$$Na_2SiO_3 + 2HCl \Longrightarrow H_2SiO_3 + 2NaCl$$

当金属盐晶体置于 20%Na_2SiO_3 溶液中时，在晶体表面形成难溶的硅酸盐膜，溶液中的水靠渗透压透过膜进入晶体内，因而晶体就像颜色各异的"石笋"，宛如一座"水中花园"。

锡、铅和硅均属于周期系 VIA 族元素，原子的价电子层构型为 nS^2np^2。它们都能形成+2 价和+4 价的化合物，其中+2 价锡是强还原剂，而+4 价铅是强氧化剂。

常用离子的鉴定方法如下：

（1）NH_4^+ 与 NaOH 反应生成 NH_3 气体，NH_3 可使红色石蕊试纸变蓝，此法可用来鉴定 NH_4^+。

NH_4^+ 可与奈斯勒试剂（K_2HgI_4 的碱性溶液）反应生成红棕色沉淀，此法也可用来鉴定 NH_4^+ 的存在。

（2）NO_3^- 可用棕色环法鉴定，其反应如下：

在浓硫酸环境中，

$$3Fe^{2+} + NO_3^- + 4H^+ \Longrightarrow 3Fe^{3+} + 2H_2O + NO$$

$$NO + FeSO_4 \Longrightarrow [Fe(NO)SO_4]（棕色）$$

（3）NO_2^- 也能产生同样的反应，但反应条件是在 HAc 环境中

$$Fe^{2+} + NO_2^- + 2HAc \Longrightarrow NO + Fe^{3+} + 2AC^- + H_2O$$

$$Fe^{2+} + NO \Longrightarrow Fe(NO)^{2+}（棕色）$$

此反应可用来鉴定 NO_2^-。

（4）PO_4^{3-} 能与钼酸铵反应生成黄色难溶的磷钼酸铵晶体，此反应可用来鉴定 PO_4^{3-}：

$$PO_4^{3-} + 3NH_4^+ + 12MoO_4^{2-} + 24H^+ \Longrightarrow (NH_4)_3PO_4 \cdot 12MoO_3 \cdot 6H_2O \downarrow + 6H_2O$$

三、实验仪器、试剂和材料

仪器：烧杯（50mL 1 个、250mL 1 个）、试管、酒精灯、离心机、试管夹、石棉网、铁架台。

试剂：

酸：HCl（2mol/L、6mol/L）、H_2SO_4（浓、6mol/L、2mol/L）、HAc（2mol/L）、HNO_3（浓、2mol/L、6mol/L）；

碱：NaOH（6mol/L）；

盐：Na_2SiO_3（0.5mol/L，20%）、NH_4Cl（0.1mol/L）、$NaNO_2$（1mol/L、0.1mol/L，现配）、KNO_3（0.1mol/L）、KI（0.1mol/L、0.02mol/L）、$KMnO_4$（0.01mol/L）、Na_3PO_4（0.1mol/L）、Na_2HPO_4（0.1mol/L）、NaH_2PO_4（0.1mol/L）、$CaCl_2$（0.1mol/L）、Na_2S（0.5mol/L，现配）、$HgCl_2$（0.1mol/L）、$SnCl_2$（0.1mol/L）、$BiCl_3$（0.1mol/L）、$MnSO_4$（0.1mol/L）、K_2CrO_4（0.1mol/L）。

固体：$CuSO_4$、$ZnSO_4$、$Co(NO_3)_2$、$NiSO_4$、$MnSO_4$、$FeSO_4 \cdot 7H_2O$、KNO_3、Cu 屑、Zn 粉、PbO_2。

其他：奈斯勒试剂、淀粉试剂、钼酸铵试剂、红色石蕊试纸、火柴、pH 试纸、点滴板（或表面皿）、滤纸条。

四、实验内容

（一）硅酸及其盐的生成和性质

（1）硅酸凝胶的生成：在 1mL 0.5mol/L Na_2SiO_3 中逐滴加入 2mol/L HCl，使溶液的 pH 值在 6~9 之间，观察硅酸凝胶的生成（若无凝胶生成可微热）。

（2）"水中花园"实验：在 50mL 烧杯中加入约 30mL 20%的 Na_2SiO_3 溶液，然后分散加入固体 $CaCl_2$、$CuSO_4$、$ZnSO_4$、$Co(NO_3)_2$、$NiSO_4$、$MnSO_4$、$FeSO_4 \cdot 7H_2O$ 各一小粒（注意不要将不同晶体放在一起，记住它们各自的位置）。静置 1~2h 后观察"石笋"的生成（可几个同学合做一份）。

（二）硝酸及其盐的性质

（1）在两支试管中分别放入少量锌粉和铜屑，各加 5 滴浓硝酸，观察现象。实验后迅速倒掉溶液以回收铜，写出反应方程式。

（2）在两支试管中分别放入少量锌粉和铜屑，各加入 1mL 2mol/L 硝酸，如果不反应可微热，试证明加入锌粉的试管中有 NH_4^+ 存在。如锌粉未全部反应，可取清液检验，检验时应加过量 NaOH 溶液。

（3）在干燥的试管中加入少量 KNO_3 固体，加热熔化，将带余烬的火柴投入试管中，火柴复燃，解释实验现象。

（三）亚硝酸及其盐的性质

（1）在试管中加 10 滴 1mol/L $NaNO_2$ 溶液，如室温较高，应将试管放入（冰）冷水中冷却，然后滴加 6mol/L H_2SO_4 溶液。分别观察气相和液相中的颜色，解释该现象。

（2）在 0.1mol/L $NaNO_2$ 溶液中加 1 滴 0.02mol/L KI 溶液，有无变化？再加 2mol/L H_2SO_4 酸化后加入淀粉试液，有何变化？写出离子反应方程式。

（3）在 0.1mol/L $NaNO_2$ 溶液中加 1 滴 0.01mol/L $KMnO_4$ 溶液，用 2mol/L H_2SO_4 酸化，比较酸化前后溶液的颜色，写出离子反应方程式。

（四）磷酸盐的性质

（1）用 pH 试纸分别测定下列溶液的 pH 值：Na_3PO_4（0.1mol/L）、Na_2HPO_4（0.1mol/L）、NaH_2PO_4（0.1mol/L），写出这几种盐的水解反应方程式。

（2）在 3 支试管中各加入 10 滴 0.1mol/L $CaCl_2$，然后分别加入等量的 0.1mol/L Na_3PO_4、0.1mol/L Na_2HPO_4、0.1mol/L NaH_2PO_4 溶液，观察各试管中是否有沉淀产生。

（五）+2 价锡的还原性和+4 价铅的氧化性

（1）在 10 滴 $HgCl_2$ 溶液中，逐滴加入 0.1mol/L $SnCl_2$，观察沉淀颜色的变化（Hg_2Cl_2 为白色，Hg 为黑色）。写出反应方程式。

（2）在亚锡酸钠溶液（自己配制）中，加入 2 滴 0.1mol/L $BiCl_3$ 溶液，观察现象，并解释之。写出反应方程式。

上述两个反应常用来鉴定 Hg^{2+} 和 Bi^{3+}，相反也可用来鉴定 Sn^{2+} 的存在。

（3）在试管中放入少量 PbO_2，加入 1mL 6mol/L HNO_3 和 3 滴 0.1mol/L $MnSO_4$ 溶液。加热，静置片刻，使溶液逐渐澄清。观察溶液的颜色。试解释之，并写出反应方程式。

（六）铅的难溶盐的制备

在 5 支试管中各加入 10 滴 0.1mol/L $Pb(NO_3)_2$ 溶液，然后分别加入数滴 2mol/L HCl、2mol/L H_2SO_4、0.1mol/L KI、0.1mol/L K_2CrO_4、0.5mol/L Na_2S 溶液。观察沉淀的生成，并记录各种沉淀的颜色。

（七）常见元素离子的鉴定

1. NO_3^-、NO_2^- 的鉴定

取 2 滴 0.1mol/L KNO_3 溶液，用水稀释至 1mL，加少量 $FeSO_4 \cdot 7H_2O$ 晶体，振荡溶解后，斜持试管，沿管壁小心滴加 20~25 滴浓硫酸，静置片刻，观察两种液体接界处的棕色环。

取 1 滴 0.1mol/L $NaNO_2$ 稀释至 1mL，加少量 $FeSO_4 \cdot 7H_2O$ 晶体，振荡溶液，用 2.0mol/L HAC 溶液代替浓硫酸重复上述实验。

2. NH_4^+ 的鉴定

在试管中加 0.1mol/L NH_4Cl 溶液和 2.0mol/L $NaOH$ 溶液各 10 滴，微热，用湿润的红色石蕊试纸在管口检验逸出的气体，如果试纸变蓝，则说明有 NH_4^+ 存在。

在滤纸条上加 1 滴奈斯勒试剂，代替红色石蕊试纸重复上述实验，观察，记录现象。如试纸变为红棕色，则说明 NH_4^+ 有存在。

3. PO_4^{3-} 的鉴定

取 5 滴 0.1mol/L Na_3PO_4 溶液，加 10 滴浓硝酸，再加 20 滴钼酸铵试剂，在水浴上微热至 40~50℃，如有黄色沉淀产生，则说明有 PO_4^{3-} 存在。

五、思考题

（1）"水中花园"实验的原理是什么？

（2）浓硝酸、稀硝酸与金属反应时的产物有什么不同？

（3）硝酸盐的分解有何规律？

（4）如何通过实验将没有标签的 NaI、NaCl、$NaNO_3$、$NaNO_2$、Na_2S、Na_3PO_4、Na_2SO_4、NH_4HCO_3 试剂分开？

实验九　副族元素

一、实验目的

（1）了解副族元素中铬、锰、铁、铜的各种价态重要化合物的生成和性质。
（2）了解铬、锰、铁、铜的主要价态之间的转化。
（3）了解 Cr^{3+}、Mn^{2+}、Fe^{3+}、Fe^{2+} 和 Cu^{2+} 的鉴定。

二、实验原理

常见的副族元素铬、锰、铁、铜分别为周期系ⅥB、ⅦB、Ⅷ、ⅠB 族元素，它们都有可变的氧化值。

（一）铬

$Cr(OH)_3$ 为灰绿色两性氢氧化物，Cr^{3+} 的盐易水解，在碱性溶液中，Cr^{3+} 易被强氧化剂如 H_2O_2 氧化为+6 价铬。

$$2Cr^{3+}(绿色) + 3H_2O_2 + 2OH^- \rightleftharpoons 2CrO_4^{2-}(黄色) + 4H_2O$$

上述反应常用来鉴定 Cr^{3+}。

CrO_4^{2-} 与 Pb^{2+} 反应生成黄色 $PbCrO_4$ 沉淀：

$$CrO_4^{2-} + Pb^{2+} \rightleftharpoons PbCrO_4\downarrow(黄色)$$

铬酸盐和重铬酸盐在水溶液中存在下列平衡：

$$2CrO_4^{2-}(黄色) + 2H^+ \rightleftharpoons Cr_2O_7^{2-}(橙色) + H_2O$$

上述平衡，在酸性介质中，向右移动；在碱性介质中，向左移动。在酸性溶液中，铬酸盐和重铬酸盐都是强氧化剂，易被还原为 Cr^{3+}。

（二）锰

$Mn(OH)_2$ 为白色碱性氢氧化物，在空气中易被氧化，逐渐变成棕色的 MnO_2 的水合物[$MnO(OH)_2$]。

在中性溶液中，MnO_4^- 与 Mn^{2+} 可以生成棕色 MnO_2 沉淀：

$$2MnO_4^- + 3Mn^{2+} + 2H_2O \rightleftharpoons 5MnO_2 + 4H^+$$

在强碱性溶液中，MnO_4^- 与 MnO_2 可以生成绿色的 MnO_4^{2-}：

$$2MnO_4^- + MnO_2 + 4OH^- \rightleftharpoons 3MnO_4^{2-} + 2H_2O$$

在中性或微碱性溶液中，MnO_4^{2-} 不稳定，发生歧化反应生成紫色 MnO_4^- 和棕色 MnO_2 沉淀。

$$3MnO_4^{2-} + 4H^+ \rightleftharpoons MnO_2 + 2MnO_4^- + 2H_2O$$

在硝酸溶液中，Mn^{2+} 可以被 $NaBiO_3$ 氧化为紫红色的 MnO_4^-，通常利用这个反应来鉴定 Mn^{2+}：

$$2Mn^{2+} + 5BiO_3^- + 14H^+ \Longrightarrow 2MnO_4^- + 5Bi^{3+} + 7H_2O$$

（三）铁

Fe^{2+} 是还原剂，而 Fe^{3+} 是弱的氧化剂。

铁能生成很多配合物，其中常见的有亚铁氰化钾 $K_4[Fe(CN)_6]$、硫氰合铁酸钾 $K_3[Fe(SCN)_6]$ 和铁氰化钾 $K_3[Fe(CN)_6]$。

在含有 Fe^{2+} 的溶液中加入赤血盐溶液，在含有 Fe^{3+} 的溶液中加入黄血盐溶液都能生成蓝色沉淀：

$$K^+ + Fe^{2+} + [Fe(CN)_6]^{3-} \Longrightarrow KFe[Fe(CN)_6] \downarrow （蓝）$$

$$K^+ + Fe^{3+} + [Fe(CN)_6]^{4-} \Longrightarrow KFe[Fe(CN)_6] \downarrow （蓝）$$

这两个反应常用来分别鉴定 Fe^{2+} 和 Fe^{3+}。

Fe^{3+} 与 SCN^- 反应生成血红色的 $[Fe(NCS)_n]^{3-n}$；

$$Fe^{3+} + nSCN^- \Longrightarrow [Fe(NCS)_n]^{3-n} \quad (n = 1 \sim 6)$$

n 值随溶液中 SCN^- 的浓度和酸度而定。这一反应非常灵敏，常用来鉴定 Fe^{3+} 和比色测定 Fe^{3+} 的含量。

（四）铜

蓝色的 $Cu(OH)_2$ 具有两性，在加热时容易脱水而分解为黑色的 CuO。

Cu^{2+} 具有氧化性，与 I^- 反应时，生成的不是 CuI_2 而是白色 Cu_2I_2 沉淀：

$$2Cu^{2+} + 4I^- \Longrightarrow Cu_2I_2 \downarrow + I_2$$

白色 Cu_2I_2 能溶于过量的 KI 中，因生成 CuI_2^- 配离子，当加水稀释时，又重新析出 Cu_2I_2 沉淀。

将 $CuCl_2$ 溶液和铜屑混合，加入浓盐酸，加热可得泥黄色配离子 $[CuCl_2]^-$ 的溶液。将该溶液稀释，可得白色 Cu_2Cl_2 沉淀：

$$Cu^{2+} + Cu + 4Cl^- \Longrightarrow 2[CuCl_2]^-$$

$$2[CuCl_2]^- \Longrightarrow Cu_2Cl_2 \downarrow + 2Cl^-$$

Cu^{2+} 能与 $K_4[Fe(CN)_6]$ 反应而生成红棕色 $Cu_2[Fe(CN)_6]$ 沉淀，这个反应可用来鉴定 Cu^{2+}。

三、实验仪器和试剂

仪器：试管（10 支）、试管架、试管夹、酒精灯、离心试管、离心机、滴管、玻璃棒、火柴。

试剂：

酸：HCl（浓、2mol/L）、H_2SO_4（1mol/L、3mol/L）、HNO_3（6mol/L）；

碱：NaOH（2mol/L、6mol/L、40%）；

盐：$CrCl_3$（0.1mol/L）、$K_2Cr_2O_7$（0.1mol/L）、Na_2SO_3（0.1mol/L）、KI（0.1mol/L、饱和）、Pb（NO_3）$_2$（0.1mol/L）、$MnSO_4$（0.1mol/L）、$KMnO_4$（0.01mol/L）、$FeCl_3$（0.1mol/L）、K_4［Fe（CN）$_6$］（0.1mol/L）、K_3［Fe（CN）$_6$］（0.1mol/L）、KSCN（0.1mol/L）、$CuSO_4$（0.1mol/L）、$CuCl_2$（1mol/L）；

其他：H_2O_2（10%）、淀粉碘化钾试纸、淀粉试剂。

固体：MnO_2、$NaBiO_3$、$FeSO_4 \cdot 7H_2O$、铜屑。

四、实验内容

（一）铬

1. Cr(OH)$_3$的制备和性质

在 0.1mol/L $CrCl_3$ 溶液中滴加 2mol/L NaOH 溶液，观察沉淀的颜色，用实验证明 Cr(OH)$_3$ 是否具有两性，并写出反应方程式。

2. Cr^{3+} 的还原性

取 2 滴 $CrCl_3$ 溶液，加入 6mol/L NaOH，使 Cr^{3+} 转化为［Cr(OH)$_4$］$^-$后，再加入 3 滴 3% H_2O_2，加热，观察溶液颜色的变化（保留溶液，供实验（一）5. 使用）。解释现象并写出反应方程式。

3. $K_2Cr_2O_7$ 和 K_2CrO_4 的相互转化

取 5 滴 0.1mol/L $K_2Cr_2O_7$ 溶液，然后加入少许 2mol/L NaOH，观察溶液颜色的变化，再加入 1mol/L H_2SO_4 酸化。观察溶液颜色的变化，解释现象并写出反应方程式。

4. +6 价铬的氧化性

将 $K_2Cr_2O_7$ 溶液与 Na_2SO_3 溶液混合后加入 3mol/L H_2SO_4 酸化，观察溶液颜色的变化，解释现象并写出反应方程式。

重铬酸钾能否将盐酸氧化产生氯气？试用实验证明之，写出反应方程式。

5. Cr^{3+} 的鉴定

在实验（一）2. 保留的溶液中，加入 0.1mol/L Pb（NO_3）$_2$ 溶液，产生黄色沉淀表示有 Cr^{3+} 存在。

（二）锰

1. Mn(OH)$_2$的制备和性质

在三支试管中，各加入 10 滴 0.1mol/L $MnSO_4$ 溶液，然后分别加入 5 滴

2mol/L NaOH，观察沉淀的生成。其中两支试管迅速试验沉淀是否呈两性；另一支试管在空气中振荡，注意沉淀颜色的变化，解释现象并写出反应方程式。

2. MnO_2 的生成

在 10 滴 0.01mol/L $KMnO_4$ 溶液中，滴加 0.1mol/L $MnSO_4$ 溶液，观察棕色沉淀的生成。解释现象并写出反应方程式。

3. MnO_4^{2-} 的生成

在 2mL 的 0.01mol/L $KMnO_4$ 溶液中滴加 1mL 40%NaOH 溶液，然后加入少量 MnO_2 固体，微热，搅动后静置片刻，离心沉降，上层清液即显 MnO_4^{2-} 的特征绿色，写出反应方程式。

4. Mn^{2+} 的鉴定

取 5 滴 0.1mol/L $MnSO_4$ 溶液于离心试管中，加入数滴 6mol/L HNO_3；然后加入少量 $NaBiO_3$ 固体，振荡试管，离心沉降后，上层清液呈紫色，表示有 Mn^{2+} 存在。

（三）铁

1. 铁盐的性质

Fe^{2+} 的还原性：在试管中加入几粒 $FeSO_4 \cdot 7H_2O$ 晶体，加水溶解，逐滴加入 0.01mol/L $KMnO_4$ 溶液，观察现象并解释，写出反应方程式。

Fe^{3+} 的氧化性：取 5 滴 0.1mol/L $FeCl_3$ 溶液，滴加 0.1mol/L KI 溶液，再加入淀粉试剂，观察现象并解释，写出反应方程式（如不反应可酸化）。

2. 铁的配合物

Fe^{2+} 的配合物：在 0.1mol/L $FeCl_3$ 溶液中，滴入 1~2 滴 0.1mol/L $K_4[Fe(CN)_6]$ 溶液，观察现象并解释，写出反应方程式。此反应可用来鉴定 Fe^{3+}。

Fe^{3+} 的配合物：在试管中加入几粒 $FeSO_4 \cdot 7H_2O$ 晶体，加水溶解后，滴加 1~2 滴 0.1mol/L $K_3[Fe(CN)_6]$ 溶液，观察现象并解释，写出反应方程式。此反应可用来鉴定 Fe^{2+}。

取 5 滴 0.1mol/L $FeCl_3$ 溶液于试管中，加入 1 滴 0.1mol/L KSCN 溶液，观察现象并解释，写出反应方程式。此反应也可用来鉴定 Fe^{3+}。

（四）铜

1. $Cu(OH)_2$ 的制备和性质

用 0.1mol/L $CuSO_4$ 和 2mol/L NaOH 制取 $Cu(OH)_2$，分别试验 $Cu(OH)_2$ 的酸碱性和脱水性。观察现象，做出结论。

2. Cu^{2+} 的氧化性和 Cu^+ 的配合物

在 5 滴 0.1mol/L $CuSO_4$ 溶液中，加入 20 滴 0.1mol/L KI 溶液，离心沉降，分离清液和沉淀，在清液中检验是否有 I_2 存在。将沉淀用去离子水洗涤 2 次，观察沉淀的颜色。

在洗净的白色沉淀中，加入饱和 KI 溶液至沉淀刚好溶解，取此溶液数滴加入去离子水稀释，观察又有沉淀产生。

根据上面的实验现象说明 Cu^{2+} 和 Cu^+ 的性质，写出每一步反应的方程式。

在 10 滴 1mol/L $CuCl_2$ 溶液中，加入 10 滴浓盐酸，再加入少许铜屑，加热至沸，待溶液呈泥黄色时，停止加热，用滴管吸出少量这种溶液，加入盛有半杯水的小烧杯中，观察是否有白色沉淀产生。解释现象并写出反应方程式。

3. Cu^{2+} 的鉴定

取 2 滴 0.1mol/L $CuSO_4$ 溶液，加入 2 滴 0.1mol/L $K_4[Fe(CN)_6]$ 溶液，如生成红棕色沉淀表示有 Cu^{2+} 存在。

五、思考题

(1) 怎样用实验确定 $Cr(OH)_3$ 是两性氢氧化物？

(2) 在本实验中，如何实现从 $Cr^{3+} \rightarrow Cr^{6+} \rightarrow Cr^{3+}$ 的转化？

(3) $Mn(OH)_2$ 是否具有两性？将 $Mn(OH)_2$ 放在空气中，会产生什么变化？

(4) 本实验中如何试验 +2 价铁盐的还原性和 +3 价铁盐的氧化性？

(5) $Cu(OH)_2$ 是否呈两性？将 $Cu(OH)_2$ 加热，会发生什么变化？

(6) 将 KI 加到 $CuSO_4$ 溶液中是否会得到 CuI_2？Cu_2I_2 沉淀是否可以溶于浓的 KI 溶液中？为什么？Cu_2Cl_2 沉淀是否能溶于浓盐酸中？

(7) 怎样鉴定 Cr^{3+}、Mn^{2+}、Fe^{3+}、Fe^{2+} 和 Cu^{2+}？

(8) CuCl、AgCl、Hg_2Cl_2 都是难溶于水的白色粉末，试区别这三种金属氯化物。

(9) Cr(Ⅲ) 的还原性实验中，可以在开始时直接大量滴加 6mol/L 或 2mol/L 的 NaOH 吗？

3.2 综合/设计实验

实验十 水质检验

一、实验目的

（1）了解用离子交换法净化水的原理和方法。

（2）掌握天然水中无机离子杂质的定性鉴定方法。

（3）学习使用电导仪测定水的纯度。

二、实验原理

（一）离子交换法净化水

天然水中主要的无机杂质离子有 Ca^{2+}、Mg^{2+}、Na^+ 三种阳离子和 CO_3^{2-}、SO_4^{2-}、Cl^-、HCO_3^{2-} 四种阴离子。另外还有某些气体、有机物和微生物等。除去天然水中无机杂质离子而获得的净化水被称为去离子水。该实验制备去离子水的方法是离子交换法，工业上制备去离子水的方法除离子交换法外，还有电渗析法、反渗透法等。

离子交换法是利用离子交换树脂与水中某些无机离子进行选择性离子交换反应除去离子而获得去离子水。常见的离子交换树脂是人工合成的具有活性基因的高分子化合物。如强酸性的磺酸型阳离子交换树脂 RH、强碱型阴离子交换树脂 ROH。当水通过阳离子交换树脂时，水中的阳离子与树脂发生下述反应而被除掉：

$$2RH + Mg^{2+}(Ca^{2+}) \rightleftharpoons R_2Mg(Ca) + 2H^+$$

当水通过阴离子交换树脂时，水中的阴离子与树脂发生下述反应而被除掉：

$$ROH + Cl^- \rightleftharpoons RCl + OH^-$$

$$2ROH + SO_4^{2-}(CO_3^{2-}) \rightleftharpoons R_2SO_4(CO_3) + 2OH^-$$

交换出的 H^+ 和 OH^- 再反应结合生成水：

$$H^+ + OH^- \rightleftharpoons H_2O$$

实验室和工厂常用的离子交换装置基本原理：水首先通过阳离子交换柱，然后通过阴离子交换柱，再通过混合离子交换柱，出水即为常用的去离子水。混合离子交换柱的作用相当于多级离子交换，可进一步提高出水的纯度。

离子交换树脂使用一段时间后，交换容量达到饱和，树脂便失效，分别用稀 HCl 和稀 NaOH 溶液清洗阴阳树脂，使之进行上述反应的逆反应，可使交换树脂再生，恢复交换能力。

（二）水的电导率及水质检验

纯水是极弱的电导质，当水中含有可溶性无机杂质离子时，其导电能力增强，电解质溶液的导电能力常用电导或电导率表示，电导（L）是电阻（R）的倒数。

电导的单位为西门子，简称"西"，符号为 S，$S = \Omega^{-1}$。因为水的导电能力很弱，所以其电导单位一般用毫西或微西，符号分别为 mS 和 μS。

$$L = 1/R = (1/\rho) \times (A/l)$$

式中，l/A 称为电导池常数或电极常数，为所用的电极两极板间距离（l）与极板面积（A）的比值，此值一般标在电极上；$1/\rho$ 称为电导率，用符号 K 表示，$K = 1/\rho$，它的大小表示了溶液的导电能力，单位为 mS/cm 或 μS/cm。当用电导仪测出溶液的电导后，再乘以电导池常数即为被测溶液的电导率。

显然，水中所含杂质离子越多，水的导电能力越强，水的电导率越大，所以可以根据水的电导率，判断水中杂质离子的相对含量，评价水的纯度。

水样中的 Cl^- 和 SO_4^{2-} 可用 $AgNO_3$ 和 $BaCl_2$ 检验。

水样中的 Ca^{2+} 用钙指示剂检验，在水溶液中，7.4<pH<13.5 时，钙指示剂本身显蓝色，在 pH = 12～13 时，钙指示剂能与 Ca^{2+} 离子形成配合物而显酒红色，从而指示钙离子的存在。

水样中的镁离子用镁试剂检验，镁试剂在碱性溶液中本身呈红色或紫色，溶液中有镁离子存在时，镁离子与镁试剂在碱性溶液中生成蓝色螯合物沉淀从而指示 Mg^{2+} 的存在。

三、实验仪器和试剂

仪器：电导仪、电导电极、试管（10 支）、烧杯（100mL 5 个）、药匙、滤纸条。

试剂：HNO_3（1.0mol/L）、$NH_3 \cdot H_2O$（2.0mol/L）、$AgNO_3$（0.1mol/L）、$BaCl_2$（1.0mol/L）、NaOH（2.0mol/L）、钙指示剂、镁试剂。

四、仪器的使用

（一）电导电极

本实验所用的电导电极为铂电极，电极常数大约为 1.0，具体数字标在电极上面。

（二）电导率仪

DDS-11H 型电导率仪是一种数字显示台式电导率仪，仪器广泛应用于科研、生产、教学和环境保护等许多学科和领域中，用于测定各种液体介质电导率。仪器的面板和背面如图 3-11 所示。

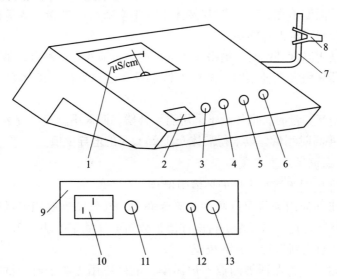

图 3-11 电导率仪正面和背面示意图

1—表头；2—电源开关；3—温度补偿调节器；4—常数补偿调节器；5—校准调节器；6—量程开关；
7—电极支架；8—电极夹；9—后面板；10—电源插座；11—保险丝座；12—输出插口；13—电极插座

1. 使用操作

第一种情况：不采用温度补偿（基本法）。

（1）常数校正。同一规格的电极，其实际电导池常数的存在范围 $J_{实} = (0.8 \sim 1.2)J_0$，$J_0$ 为电极规格常数。为消除这种实际存在的偏差，仪器设有常数校正功能。操作：打开电源开关；温度补偿钮置于 25℃ 刻度值；将仪器测量开关置"校正"档，调节常数校正钮，使仪器显示电导池实际常数值。即当 $J_{实} = J_0$ 时，仪器显示 100.0；$J_{实} = 0.95J_0$ 时，仪器显示 95.0；$J_{实} = 1.05J_0$ 时，仪器显示 105.0。

电极是否接上，仪器量程开关在何位置，都不影响进行常数校正。

（2）测量。经常数校正后，仪器即可直接测量液体的电导率。将测量开关置"测量"档，将清洁电极插入被测液中，选用适当的量程档，仪器即显示被测液在该温度下的电导率。

第二种情况：采用温度补偿（温度补偿法）。

（1）常数校正。调节温度补偿旋钮，使其指示的温度值与溶液温度相同；将仪器开关置"校正"档，调节常数校正钮，使仪器显示电导池的实际常数值，方法同上。

（2）测量。操作方法同上，这时仪器显示的电导率即为该液体在标准温度（25℃）时之电导率。

说明：一般情况下，所指液体电导率是指该液体在温度 25℃ 时标准态的电导率，当介质温度不在 25℃ 时，其液体电导率会有一个变量。为等效消除这个变量，仪器设置了温度补偿功能。

仪器不采用温度补偿时，测得液体电导率为该液体在其测量时液体温度下的电导率。仪器采用温度补偿时，测得液体电导率已换算成该液体在 25℃ 时的电导率值。

在做高精密测量时，请尽量不采用温度补偿，而采用测量后查表换算或将被测液在 25℃ 等温时测量，以求得液体介质 25℃ 时的电导率值。

2. 仪器维护和注意事项

（1）仪器应置于清洁干燥的环境中保存。

（2）电极在使用和保存过程中，因受介质、空气侵蚀等因素的影响，其电导池常数会有所变化。需重新进行电导池常数测定（测定方法见 3.），仪器应根据新测得的常数重新进行"常数校正"。

（3）测量时，为保证被测液不被污染，电极应用去离子时冲洗干净，并用滤纸擦干。

（4）应根据被测液的实际电导值选用仪器量程。能在低一档量程内测量的，不要放在高一档量程内测量。

3. 电导池常数的测定方法

（1）标准溶液测定法。取分析纯 KCl 在 110℃ 下烘 4h 后，配制成 0.7440g/L 的溶液。将温度补偿旋钮置 25℃ 值，测量开关置"校正"档，调节常数校正钮，使仪器显示 1.000，再将测量开关置"测量"档，读出仪器读数 $D_{表}$。

$$J_{待} = K_{标} / D_{表}$$

式中　$J_{待}$——待测溶液的电导池常数，cm^{-1}；

　　　$K_{标}$——标准溶液电导率，为 1.4083mS/cm；

　　　$D_{表}$——仪器显示读数。

（2）与标准电极（已知常数电极）比较法。用一已知常数电极与未知常数电极测量同一种溶液的方法求得未知电极电导池常数。

公式：　　　　　　　　　　$J_{待} D_{待} = J_{标} D_{标}$

得出：　　　　　　　　　　$J_{待} = J_{标} D_{标} / D_{待}$

式中　$J_{待}$——未知电极待测常数；

　　　$D_{待}$——未知电极测得仪器读数；

　　　$J_{标}$——已知标准电极常数；

　　　$D_{标}$——已知电极测得仪器读数；

注意：已知电极电导池常数要正确可靠。

五、实验内容

（1）取水样。注意取水样时所用的烧杯及检测水质时所用的试管都要用去离子水洗净，自来水从实验室自来水管中取；如图 3-12 所示，自来水顺次通过 Ⅰ柱、Ⅱ柱、Ⅲ柱。Ⅰ柱出水称为阳柱水，Ⅱ柱出水称为阴柱水，Ⅲ柱出水称为混柱水（去离子水）。学生做实验时，阳柱水、阴柱水分别从教师已准备好的贴有标签的塑料桶中取，混柱水从实验台上的去离子水瓶中取。

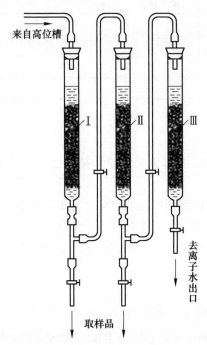

图 3-12　离子交换装置示意图

Ⅰ—阳离子交换柱；Ⅱ—阴离子交换柱；Ⅲ—混合交换柱

（2）测量水样的电导。用电导仪测量上述四个水样的电导，每次测量前都应将电极用去离子水洗净并用滤纸擦干。

（3）定性检验水样。分别对混柱水、阳柱水、阴柱水、自来水进行下列检验：

1）Mg^{2+} 的检验：用洗净的试管取水样 1mL，加入 4 滴 2mol/L 的 NaOH，再加入 2 滴镁试剂，观察现象。

2）Ca^{2+} 的检验：用洗净的试管取水样 1mL，加入 8 滴 2mol/L 的 $NH_3 \cdot H_2O$，再加入少量钙指示剂（不能多加，否则现象不明显），观察溶液颜色。

3）Cl^- 的检验：用洗净的试管取水样 1mL，加入 2 滴 1mol/L 的 HNO_3 使水样酸化，然后再加入 1 滴 01mol/L AgNO$_3$ 溶液，观察现象。

4）SO$_4^{2-}$ 的检验：用洗净的试管取水样 1mL，加入 4 滴 1mol/L 的 BaCl$_2$ 溶液，观察现象。

将测定、检验结果填入表 3-8 中。

表 3-8 水样电导的测定及杂质离子的检验

水样	电导/μS	电导率/μS·cm^{-1}	杂质离子的检验			
			Mg^{2+}	Ca^{2+}	Cl$^-$	SO$_4^{2-}$
混柱水						
阴柱水						
阳柱水						
自来水						

六、思考题

（1）离子交换法制备去离子水的原理是什么？自来水中主要含有哪几种杂质离子？

（2）从各离子交换柱底部所取的水样，其水质各有什么特征？

（3）为什么可用水的电导率来估计水的纯度？

（4）为什么检验无机离子时，试管必须用去离子水洗涤干净？

七、附录

典型离子在无限稀释水溶液中的离子迁移速率如表 3-9 所示。

表 3-9 典型离子在无限稀释水溶液中的离子迁移速率（298.15K）

阳离子	迁移速率/m^2·(S·V)$^{-1}$	阴离子	迁移速率/m^2·(S·V)$^{-1}$
H$^+$	36.30×10^{-8}	OH$^-$	20.52×10^{-8}
K$^+$	7.62×10^{-8}	SO$_4^{2-}$	8.27×10^{-8}
Ba^{2+}	6.59×10^{-8}	Cl$^-$	7.91×10^{-8}
Na$^+$	5.19×10^{-8}	NO$_3^-$	7.40×10^{-8}
Li$^+$	4.01×10^{-8}	HCO$_3^-$	4.61×10^{-8}

实验十一　粗食盐的提纯

一、实验目的

（1）掌握提纯氯化钠的原理和方法。

（2）学习溶解、沉淀、过滤、蒸发、结晶和干燥等基本操作。

（3）掌握 SO_4^{2-}、Ca^{2+}、Mg^{2+} 等离子的定性鉴定。

二、实验原理

化学试剂和医学上所用的氯化钠都是以粗食盐为原料提纯的，粗食盐中含有泥沙等不溶于水的杂质和 SO_4^{2-}、Ca^{2+}、Mg^{2+}、K^+ 等可溶于水的杂质。

不溶于水的杂质可用溶解和过滤的方法除去。

可溶性杂质可用下列方法一一除去：

在粗食盐溶液中加入稍过量的 $BaCl_2$ 溶液，即可将 SO_4^{2-} 转化为难溶解的 $BaSO_4$ 而除去：

$$Ba^{2+} + SO_4^{2-} \longrightarrow BaSO_4 \downarrow$$

将溶液过滤，除去 $BaSO_4$ 沉淀，再加入 NaOH 和 Na_2CO_3 溶液，由于发生下列反应：

$$Mg^{2+} + 2OH^- \longrightarrow Mg(OH)_2 \downarrow$$

$$Ca^{2+} + CO_3^{2-} \longrightarrow CaCO_3 \downarrow$$

$$Ba^{2+} + CO_3^{2-} \longrightarrow BaCO_3 \downarrow$$

食盐溶液中的杂质 Ca^{2+}、Mg^{2+} 以及沉淀 SO_4^{2-} 时加入的过量 Ba^{2+} 便相应转化为难溶的 $Mg(OH)_2$、$CaCO_3$、$BaCO_3$ 沉淀而通过过滤的方法除去。

过量的 NaOH 和 Na_2CO_3 可用纯盐酸中和除去。

粗食盐中少量可溶性的杂质 K^+ 离子与这些沉淀剂不起作用，仍留在溶液中。由于 KCl 的溶解度比 NaCl 大，而且在粗食盐中的含量较少，所以在蒸发浓缩食盐溶液时，NaCl 结晶出来，而 KCl 仍留在溶液中。

三、实验仪器和试剂

仪器：台秤、普通漏斗、漏斗架、布氏漏斗、酒精灯、石棉网、蒸发皿（100mL）烧杯（100mL 2 个）、玻璃棒、试管夹、药匙。

试剂：粗食盐、HCl（2mol/L）、NaOH（2mol/L）、$BaCl_2$（2mol/L）、Na_2CO_3（1mol/L）、$(NH_4)_2C_2O_4$（0.5mol/L）、HAC（2mol/L）、镁试剂。

材料：pH 试纸、定性滤纸、火柴。

四、实验内容

(一) 粗食盐的提纯

(1) 粗食盐的溶解。在台天平上称取 8g 粗食盐，放于小烧杯中，加入 30mL 去离子水，加热并用玻璃棒搅动使其溶解，不溶性杂质沉于底部。

(2) 除去 SO_4^{2-} 离子。加热溶液至近沸，在搅拌的同时逐滴加入 1mol/L $BaCl_2$ 溶液至沉淀完全（约 2mL，20 滴为 1mL），继续加热 5min，使 $BaSO_4$ 颗粒长大而易于沉淀和过滤。为了检验 SO_4^{2-} 是否除尽，可将烧杯从石棉网上取下，待沉淀沉降后，在上层清液中加入 1~2 滴 $BaCl_2$ 溶液（将 $BaCl_2$ 溶液沿烧杯壁滴加，眼睛从侧面观察），观察澄清液中是否还有混浊现象，如果不混浊，说明 SO_4^{2-} 已除尽；如果出现混浊，说明 SO_4^{2-} 尚未除尽，需继续滴加 $BaCl_2$ 溶液，直至上层清液中再加入一滴 $BaCl_2$ 后不再产生混浊现象为止。沉淀完全后，继续加热 5min，以使沉淀颗粒长大而易于沉降，用普通漏斗过滤。

(3) 除去 Ca^{2+}、Mg^{2+}、Ba^{2+} 等离子。在滤液中边搅动边滴加 1mL 2mol/L NaOH 溶液和 3mL 1mol/L Na_2CO_3 溶液，加热至沸，将烧杯从石棉网上取下，待沉淀沉降后，在上层清液中滴加 1mol/L Na_2CO_3 溶液，如果出现混浊，表示 Ba^{2+} 未除尽，需继续滴加 Na_2CO_3 溶液直至除尽为止。用普通漏斗过滤。

(4) 除去过量的 MnO_4^-。在滤液中逐滴加入 2mol/L HCl，加热搅拌，并用玻璃棒蘸取滤液在 pH 试纸上试验，直至中和到溶液的 pH≈6 为止。

(5) 浓缩与结晶。将溶液倒入蒸发皿中，用小火加热蒸发，浓缩至稀粥状的稠液为止，但切不可将溶液蒸发至干，为什么？

冷却后，用布氏漏斗过滤，尽量将晶体抽干。然后将晶体放在蒸发皿中，在石棉网上用小火加热烘干，冷却后称出产品的质量，并计算产率。

(二) 产品纯度的检验

取产品和原料各 1g，分别溶于 5mL 去离子水中，然后进行下列离子含量的定性检验。

(1) SO_4^{2-} 的检验：各取 1mL 溶液于试管中，分别加入 2 滴 1mol/L $BaCl_2$ 溶液，比较两溶液中沉淀产生的情况，在提纯的食盐溶液中应无沉淀产生。

(2) Ca^{2+} 的检验：各取 1mL 溶液于试管中，加入 2mol/L HAc 使溶液呈酸性，再各加入 2 滴 0.5mol/L $(NH_4)_2C_2O_4$ 溶液，比较两溶液中沉淀产生的情况，若有白色沉淀产生，表示有 Ca^{2+} 存在。

(3) Mg^{2+} 的检验：各取 1mL 溶液于试管中，分别加入 2~3 滴 2mol/L NaOH 溶液，使溶液呈碱性，再各加入 2~3 滴镁试剂，比较两溶液的颜色，若有天蓝色沉淀，表示有 Mg^{2+} 存在。

镁试剂是一种有机染料，它在酸性溶液中呈黄色，在碱性溶液中呈红色或紫红色，被 $Mg(OH)_2$ 沉淀吸附后则呈天蓝色。

五、思考题

（1）怎样除去粗食盐中的杂质 SO_4^{2-}、Ca^{2+}、Mg^{2+}、K^+ 等离子？

（2）怎样除去过量的沉淀剂 $BaCl_2$、$NaOH$ 和 Na_2CO_3？

（3）在除去 SO_4^{2-}、Ca^{2+}、Mg^{2+} 时，为什么要先加入 $BaCl_2$ 溶液，然后再加入 Na_2CO_3 溶液？

（4）为什么用 $BaCl_2$（毒性很大）而不用 $CaCl_2$ 除去 SO_4^{2-}？

（5）提纯后的食盐溶液浓缩时为什么不能蒸干？

（6）有的同学精盐的产率大于 100%，可能的原因是什么？

（7）减压抽滤应注意什么问题？什么情况下可以认为抽滤完成了？

六、附录

$NaCl$、KCl、KNO_3 三种物质在不同温度下的溶解度见表 3-10。

表 3-10 $NaCl$、KCl、KNO_3 三种物质在不同温度下的溶解度

温度/℃		0	20	40	60	80	100
溶解度/g	NaCl	35.7	36.0	36.6	37.3	38.4	39.8
	KCl	27.6	34.0	40.0	45.5	51.1	56.7
	KNO₃	13.3	31.6	63.9	110	169	246

实验十二 铁氧体法处理含铬废水

一、实验目的

(1) 了解铁氧体法处理含铬废水的基本原理和操作过程。

(2) 学习 722 型分光光度计的使用方法。

二、实验原理

铁氧体法处理含铬废水的基本原理是：在含铬废水中，加入过量的硫酸亚铁溶液，使其中的+6 价铬和亚铁离子发生氧化还原反应，此时+6 价铬被还原为+3 价铬，而亚铁离子则被氧化为+3 价铁离子。调节溶液的 pH 值，使 Cr^{3+}、Fe^{2+} 和 Fe^{3+} 转化为氢氧化物沉淀。然后加入 H_2O_2，再使部分+2 价铁氧化为+3 价铁，组成类似 $Fe_3O_4 \cdot xH_2O$ 的磁性氧化物。这种氧化物称为铁氧体，其组成也可写作 $Fe^{3+}[Fe^{2+}Fe^{3+}_{1-x}Cr_x]O_4$，其中部分+3 价铁可被+3 价铬代替，因此可使铬成为铁氧体的组分而沉淀出来。其反应为：

$$Fe^{2+} + Fe^{3+} + Cr^{3+} + OH^- \longrightarrow Fe^{3+}[Fe^{2+}Fe^{3+}_{1-x}Cr_x]O_4$$

式中，x 在 0~1 之间。

含铬的铁氧体是一种磁性材料，可以应用在电子工业中。

处理后的废水中的六价铬可与二苯基碳酰二肼作用产生红紫色，根据颜色的深浅进行比色，即可测定废水中的残留铬含量。

三、实验仪器和试剂

仪器：722 型分光光度计、台秤、50mL 容量瓶一只、25mL 移液管一支、5mL 移液管一支、量筒（100mL）、250mL 烧杯一只、玻璃棒、酒精灯、漏斗、漏斗架、滤纸、铁架台、石棉网、pH 试纸、温度计。

试剂：$FeSO_4 \cdot 7H_2O$ 结晶、NaOH（6mol/L）、H_2SO_4（3mol/L）、H_2O_2（10%）、含铬废水（含 $K_2Cr_2O_7$ 1450mg/L）、二苯基碳酰二肼溶液（取 0.1g 二苯基碳酰二肼，加入 50mL 95% 乙醇，溶解后再加入 200mL 1∶9 的硫酸。此试剂为无色溶液，易变质。应贮于电冰箱中，变色后不应使用，最好现用现配）。

四、仪器的使用

(一) 基本原理

一束单色光通过有色溶液时，溶液能吸收其中一部分，不同溶液对不同波长光的吸收不同，溶液对光的吸收强度可用透光率（T）或吸光度（A）表示。$A = \lg(1/T)$，显然，A 越大或 T 越小，溶液对光的吸收程度越大。

根据朗伯-比尔定律，有色溶液的吸光度 A 与溶液的浓度 C 和液层厚度 L 的乘积成正比。即：$A=\varepsilon CL$，比例系数 ε 在溶液一定、光的波长一定、温度一定时是一常数，L 是比色皿的厚度，所以，吸光度 A 与浓度 C 成正比。

一般在测量样品前，先测量一系列已知准确浓度的标准溶液的吸光度，绘制 $A\text{-}C$ 曲线作为工作曲线，样品的吸光度测出后，可直接查工作曲线求出相应的浓度。

722 型分光光度计仪器面板如图 3-13 所示。

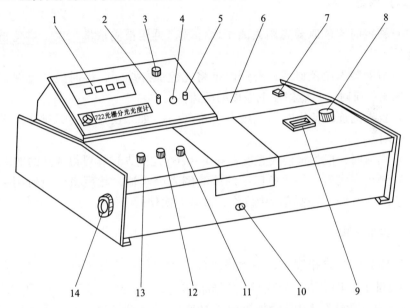

图 3-13 722 型分光光度计面板示意图

1—数字显示器；2—吸光度调零旋钮；3—T/A 选择旋钮；4—吸光度调斜率电位器；5—浓度旋钮；
6—光源室；7—电源开关；8—波长调节旋钮；9—波长刻度窗；10—试样架拉手；11—100%T 旋钮；
12—0%T 旋钮；13—灵敏度调节旋钮；14—干燥器

（二）仪器使用方法

（1）开启电源，预热 10~30min。

（2）用波长调节旋钮 8 调波长到所需波长位置。

（3）掀开试样室盖子（光门自动关闭），将 T/A 选择旋钮 3 放到 T 挡上，用 0%T 旋钮 12 调节显示在 0.00 位置。

（4）将参比溶液和被测溶液倒入洁净的比色皿中，用滤纸擦干比色皿外面的水珠，放入比色皿槽架内。一般把参比溶液放在第一格内，被测溶液按顺序放入其他格。

（5）盖上试样室盖子。将参比溶液推入光路，用 100%旋钮调透光率（T）

为 100%。如无法调到 100%，可将灵敏度调节旋钮 13 调到 2 挡或其他挡（一般最好在低挡位下测量，此时仪器较稳定）。

（6）将 T/A 选择旋钮 3 放在 A 挡上，看 A 值是否为零，如不为零，用吸光度调零旋钮 2 将显示值调为零。

（7）将被测溶液推入光路，此时仪器显示屏上显示的值即为被测溶液的吸光度值。

（三）注意事项

（1）测定时比色皿要先用去离子水冲洗，再用被测液洗三次，避免被测溶液浓度的改变。

（2）溶液装入比色皿后，要用滤纸将比色皿外擦干，擦时应注意保护其透光面。拿比色皿时，只能捏住毛玻璃的两边。

（3）仪器的连续使用时间一般不应超过 2h。如果已经超过，则应间歇半小时后再使用。

（4）测量时，应尽量使吸光度在 0.1~0.65 之间，这样可得较高的准确度。

（5）测定完成后，将比色皿中的溶液倒入废水池，然后将比色皿用去离子水洗干净，放入 95%乙醇溶液中浸泡，以备下次使用。

五、实验步骤

（1）取 200mL 含铬废水，将含铬量换算为 CrO_3，再按 CrO_3：$FeSO_4 \cdot 7H_2O$ = 1：16 的质量比算出所需的 $FeSO_4 \cdot 7H_2O$ 结晶的质量。用台秤称出所需 $FeSO_4 \cdot 7H_2O$ 结晶的质量，加到含铬废水中，滴加 3mol/L H_2SO_4，并不断搅动，直至 pH≈2，溶液呈绿色为止。

（2）用 6mol/L NaOH 调节溶液的 pH 值至 7~8。

（3）在酒精灯上加热溶液至 70℃，加入 6~10 滴 3%的 H_2O_2，搅动后静置，使沉淀沉降。

（4）将部分上层清液用普通漏斗过滤，用移液管移取 25.00mL 滤液于 50.00mL 容量瓶中，加入 2.5mL 二苯基碳酰二肼溶液，用去离子水稀释至刻度，摇匀后过 10min 进行比色。以不含试剂的空白为参比，在 722 型分光光度计 540nm 波长下测定其吸光度。

（5）根据测得的吸光度，在标准曲线上查出六价铬相对应的含量，用下列公式换算出每升试样中六价铬的含量（mg/L）：

$$六价铬的含量 = c \times 1000/25.00 (mg/L)$$

式中　c 为在标准曲线上查得的六价铬含量。

六、思考题

（1）什么叫铁氧体？

（2）在含铬废水加入 $FeSO_4$ 后，为什么要调节 $pH \approx 2$？为什么又要加入 NaOH 调节 $pH = 7 \sim 8$？为什么又要加入 H_2O_2？在这些过程中，发生了什么反应？

（3）含铬废水经处理后，怎样测定其含铬量是否已降低到国家排放标准以下（六价铬含量<0.5mg/L）？

七、附录

微量六价铬的比色测定中标准曲线的绘制法（供实验室准备用）

（1）六价铬储备液的配制：将分析纯 $K_2Cr_2O_7$ 在 $110 \sim 120$℃的烘箱中烘 2h，然后在干燥器中冷却后，准确称取 0.2828g 溶于去离子水中；而后移入 1000mL 容量瓶中，用去离子水稀释至刻度，每毫升此溶液含六价铬的量为 0.1000mg。

（2）六价铬标准液的配制：准确移取 10.00mL 六价铬储备液于 100mL 容量瓶中，用去离子水稀释至刻度，每毫升此标准液含六价铬的量为 0.010mg。

（3）取 6 个 50.00mL 容量瓶，分别加入六价铬标准液 0.00mL、1.00mL、2.00mL、3.00mL、4.00mL、5.00mL，再各加入 40mL 左右去离子水和 2.5mL 二苯基碳酰二肼溶液，稀释至刻度。摇匀后静置 10min，使用 722 型分光光度计，以不含试剂的空白为参比，在 540nm 波长下测定其吸光度。

（4）以测得的吸光度为纵坐标，六价铬含量为横坐标，在坐标纸上绘制标准曲线，数据见表 3-11。

表 3-11　六价铬的吸光度

Cr 含量/$mg \cdot mL^{-1}$	0	0.2×10^{-3}	0.5×10^{-3}	1.0×10^{-3}	4.0×10^{-3}	6.0×10^{-3}	8.0×10^{-3}	10.0×10^{-3}
吸光度 A/a. u.	0	0.004	0.011	0.033	0.070	0.104	0.142	0.177

实验十三　硫酸亚铁铵的制备及产品质量的分析

一、实验目的

(1) 了解制备复盐的方法。

(2) 掌握无机制备的基本操作：水浴加热、减压过滤、蒸发、结晶。

(3) 掌握用目视比色法进行半定量分析。

二、实验原理

(一) 硫酸亚铁铵的制备

硫酸亚铁铵俗称摩尔盐，为浅绿色单斜晶体。它在空气中比一般亚铁盐稳定，不易被氧化，因此在分析化学中有时被用作氧化还原滴定法的基准物。根据硫酸铵、硫酸亚铁和硫酸亚铁铵在水中的溶解度数据可知，硫酸亚铁铵的溶解度较小，所以很容易从浓的 $FeSO_4$ 和 $(NH_4)_2SO_4$ 混合液中制得结晶的摩尔盐 $FeSO_4 \cdot (NH_4)_2SO_4 \cdot 6H_2O$。本实验首先以金属铁屑与稀硫酸作用制得硫酸亚铁溶液，反应式为：

$$Fe + H_2SO_4 \Longrightarrow FeSO_4 + H_2 \uparrow$$

然后加入适量的硫酸铵，制成两种盐的混合物。通过加热浓缩再冷却至室温，即可得到硫酸亚铁铵复盐晶体，反应式为：

$$FeSO_4 + (NH_4)_2SO_4 + 6H_2O \Longrightarrow FeSO_4 \cdot (NH_4)_2SO_4 \cdot 6H_2O$$

(二) 目视比色法测定杂质 Fe^{3+} 的含量

产品硫酸亚铁铵中 Fe^{3+} 的含量，可应用 Fe^{3+} 与 KSCN（显色剂）作用，生成血红色的配合物，反应式为：$Fe^{3+} + nSCN^- = Fe(NCS)_n^{3-n}$。$Fe^{3+}$ 越多，血红色越深。因此可以根据血红色的深浅，与标准铁系列溶液作比较，以确定产品的级别。

三、实验仪器和试剂

仪器：台秤、减压过滤装置、水浴加热器、蒸发皿、铁三角架、石棉网、比色管、移液管（1mL 或 2mL）等。

试剂：铁屑、硫酸铵、3mol/L H_2SO_4、10% Na_2CO_3、1mol/L KSCN、固体$(NH_4)_2SO_4$、pH 试纸。

四、实验步骤

(一) 硫酸亚铁铵的合成

1. 铁屑的净化（除去油污）

称取铁屑 2g 放在锥形瓶中，加入 15mL 左右的 10% Na_2CO_3 溶液，放在石棉网上小火加热，煮沸几分钟，用倾析法除去碱液，然后用去离子水冲洗至中性，倾倒掉洗涤水。说明：用减水洗油污，是针对从机械加工过程中取得的铁屑而言。如果所用原料是纯净的铁屑或铁粉，则可省去此净化步骤。

2. 硫酸亚铁的制备

在盛有处理过的铁屑的锥形瓶中，加入 3mol/L H_2SO_4 15~20mL，在水浴中加热。注意控制 Fe 与 H_2SO_4 的反应不要过于剧烈，在加热过程中应经常取出锥形瓶摇荡，并根据需要适当补充蒸发的水分，以防 $FeSO_4$ 结晶析出。待反应速度明显减慢（气泡很少）时，停止加热并立即进行减压过滤。如果发现滤纸上有晶体析出，可用少量去离子水冲洗溶解之。将滤液转移到蒸发皿中，注意溶液酸度应控制在 pH 值 1~2 之间，如果酸度不够，要适当补加少量的 H_2SO_4 来调节。将未反应完的铁屑或残渣全部收集起来，用滤纸吸干后称量。根据已参加反应的铁量，计算出生成 $FeSO_4$ 的理论产量。

此步骤中说明下列两点：

（1）Fe 与 H_2SO_4 的反应应在通风橱中进行，或放于排风口处，以减少酸雾的毒害。

（2）如果考虑收集反应残渣有困难，可以在减压过滤时加双层滤纸，抽干溶液后，残渣黏附于上层。只要称出两张滤纸的质量差，即可知渣重。

3. 硫酸亚铁铵晶体的制备

根据 $FeSO_4$ 的理论产量，按 $FeSO_4$ 与 $(NH_4)_2SO_4$ 质量比为 1：0.8 的比例，称取固体 $(NH_4)_2SO_4$ 若干克，并将其配成饱和溶液后，加入已调节好酸度的 $FeSO_4$ 溶液中，混合均匀。将蒸发皿置于水浴上加热蒸发，至溶液表面出现晶体膜时停止加热。静置，使其自然冷却至室温，析出浅绿色结晶。减压过滤除去母液。将漏斗中的晶体取出，放在表面皿上晾干或者用滤纸吸干水分，然后称量实验产品 $FeSO_4 \cdot (NH_4)_2SO_4 \cdot 6H_2O$ 的质量。

（二）目视比色 Fe^{3+} 含量分析

称取 1.00g 产品，放入 25mL 比色管中，用少量（10~15mL）不含 O_2 的蒸馏水（将去离子水事先用小火煮沸 10mim，除去所溶解的 O_2，盖好表面皿冷却后备用）溶解之，再加入 3mol/L H_2SO_4 和 1mol/L KSCN 各 1.00mL，然后继续加入不含 O_2 的去离子水至刻度并摇匀。与标准铁溶液进行比较，根据目视比色结果，确定产品中 Fe^{3+} 含量所对应的级别。

标准铁系列溶液的配制（由实验室给出）：

依次取浓度为 0.1mg/mL 的铁标准溶液 0.50mL、1.00mL、2.00mL，分别放入 25mL 比色管中，再各加入 3mol/L H_2SO_4 和 1mol/L KSCN 溶液各 1.00mL，最后都用去离子水稀释至 25mL，并摇匀，按级别顺序排放于比色架上。

不同等级的 $FeSO_4 \cdot (NH_4)_2SO_4 \cdot 6H_2O$ 中 Fe^{3+} 的含量分别为：一级品小于 0.1mg；二级品 0.1~0.2mg；三级品 0.2~0.4mg。

五、实验结果与数据

（1）根据制备实验中的投料量和化学反应中物质的相关量，对下列几个数据进行计算：

1）$FeSO_4$ 的理论产量；

2）$(NH_4)_2SO_4$ 的加入量；

3）$FeSO_4 \cdot (NH_4)_2SO_4 \cdot 6H_2O$ 的理论产量 。

（2）将下列实验数据汇成表：

1）铁屑的加入量 m_{Fe}（投料）（g）；

2）实际反应掉的铁屑量 m_{Fe}（反应）（g）；

3）硫酸亚铁理论产量 m_{FeSO_4}（g）；

4）硫酸铵的加入量 $m_{(NH_4)_2SO_4}$（g）；

5）产品 $FeSO_4 \cdot (NH_4)_2SO_4 \cdot 6H_2O$ 的实际产量 $m_{产品(实验)}$（g）；

6）产品的理论产量 $m_{产品(理论)}$（g）；

7）产品产率（%）；

8）产品的级别。

六、思考题

（1）为什么要除去铁屑表面的油污？

（2）本实验中前后两次都采用水浴加热，目的有何不同？在制备 $FeSO_4$ 的过程中为什么强调溶液必须保证强酸性？

（3）在产品检验时，配制溶液为什么要用不含氧的去离子水？除氧的方法是什么？

（4）在计算硫酸亚铁的理论产量和产品硫酸亚铁铵晶体的理论产量时，各以什么物质的用量为标准？为什么？

（5）为了保证产品的产量和质量，在实验中应注意哪些问题？

实验十四　由废锌皮制备硫酸锌

一、实验目的

（1）通过实验掌握制备硫酸锌的基本方法和有关离子的鉴定。
（2）熟悉控制 pH 值进行沉淀分离除杂的方法。
（3）熟悉无机制备中的一些基本操作。

二、实验提示

$ZnSO_4 \cdot 7H_2O$ 是无机化学实验常用的试剂之一，也是一种很重要的锌盐，在工业上常作为制备其他锌化合物的原料。硫酸锌可用锌粒和硫酸反应制取。为了节约原料并废物利用，可用废电池的锌皮代替锌粒。

废电池的锌皮中主要杂质为铁、铜及痕量的其他元素，设计实验时考虑整个过程中不引进新的杂质。实验中应注意以下几个问题：

（1）用稀硫酸溶解废锌皮后，铜与铁各以什么状态存在于硫酸锌溶液中？
（2）一般用沉淀方法除去铜、铁等杂质离子。如可先加锌粉除 Cu^{2+}，再加氧化剂使 Fe^{2+} 氧化成 Fe^{3+}，并用稀硫酸调节 pH = 3~4（不能用 NaOH，因为会引进 Na^+）除去 Fe^{3+}（此时氢氧化锌溶解，而氢氧化铁不溶）。此外还可以考虑用其他的试剂除铜、铁离子。
（3）为了得到较好的硫酸锌晶体，应选择合适的冷却方法。
（4）第一次抽滤后的母液中，仍含有相当的硫酸锌，应考虑一步回收。

三、实验内容与要求

（1）设计用由锌皮废料制取纯硫酸锌的合理方案。
（2）选择合适的反应条件。
（3）产品纯度要求：取少量产品溶于水，用 KSCN 溶液检验 Fe^{3+}；通 H_2S 或加 Na_2S 溶液，或采用其他方法检验有无 Cu^{2+}。
（4）制得硫酸锌晶体干燥后称重，计算产率。

四、附录

该实验若用废旧电池上的锌皮，因其含铁、铜杂质极少，故酸溶后需要先检验铁、铜离子，再确定是否需要除去铁、铜。

硫酸锌在水中的溶解度如表 3-12 所示。

$ZnSO_4 \cdot 7H_2O$ 为无色菱形晶体，在干燥的空气中会逐渐风化。$ZnSO_4 \cdot 7H_2O$ 在 312K 时，脱去一个结晶水变成 $ZnSO_4 \cdot 6H_2O$；在 523~533K 进一步脱水；在灼热

至亮红色时,则分解为 ZnO 和 SO_2。$ZnSO_4 \cdot 7H_2O$ 易溶于水,不溶于酒精。

表 3-12   硫酸锌在水中的溶解度

温度/K	273	283	288	295	305	312	323	343	353	373
$ZnSO_4$ 溶解度/%	29.4	32.0	33.4	36.6	39.9	41.2	43.1	47.1	46.2	44.0

实验十五 土壤交换容量的测定

一、实验目的

（1）测定污灌区表层和深层土的阳离子交换总量。
（2）了解污灌对阳离子交换量的影响。

二、实验原理

土壤是环境中污染物迁移转化的重要场所，土壤的吸附和离子交换能力又使它成为重金属类污染物的主要归宿。污染物在土壤表面的吸附及离子交换能力又和土壤的组成、结构等有关，因此，对土壤性能的测定，有助于了解土壤对污染物质的净化能力及对污染负荷的允许程度。

土壤中主要存在三种基本成分，一是无机物，二是有机物，三是微型生物。在无机物中，黏土矿物是其主要部分。黏土矿物的晶格结构中存在许多层状的硅铝酸盐，其结构单元是硅氧四面体和铝氧八面体。四面体硅氧层中的 Si^{4+} 常被 Al^{3+} 离子部分取代，取代的结果便在晶格中产生负电荷。这些电荷分布在硅铝酸盐的层面上，并以静电引力吸附层间存在的阳离子，以保持电中性。这些阳离子主要是 Ca^{2+}、Mg^{2+}、Al^{3+}、Na^+、K^+ 和 H^+ 等，它们往往被吸附在矿物胶体表面上，决定着黏土矿物的阳离子交换行为。

土壤中的有机物质主要是腐殖物质，它们可以分为三类。一类是不能被碱萃取的胡敏素，另一类是被碱萃取，但当萃取液酸化时析出成为沉淀物的腐殖酸，第三类是酸化时不沉淀的富里酸。这些物质成分复杂，相对分子质量不固定，结构单元上存在各种活性基因。它们在土壤中具有强大的阳离子交换能力，而且对重金属污染物在土壤中吸附、结合等行为起着重要作用。

如图 3-14 所示，土壤中存在的这些阳离子可被某些中性盐水溶液中的阳离子交换。若无副反应时，交换反应可以等当量地进行。

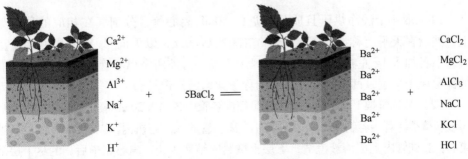

图 3-14 交换平衡示意图

上述反应因为存在交换平衡，因此，交换反应实际上并不完全。当溶液中交换剂浓度大、交换次数增加时，交换反应趋于完全。同时，交换离子的本性、土壤的物理状态等因素对交换完全也存在影响。

若用过量的强电解质，如硫酸溶液，把交换到土壤中去的钡离子交换下来，这是由于生成了硫酸钡沉淀，且由于氢离子的交换能力很强，交换基本完全。这样通过测定交换前后硫酸含量的变化，就可以算出消耗的酸量，进而算出土壤的阳离子交换总量。

三、实验仪器与试剂

仪器：电动离心机、电子天平；离心管（50mL）、锥形瓶（100mL）、量筒（25mL）、移液管（10mL、25mL）、滴定管（碱式25mL）、试管（25mL）。

试剂：0.1mol/L 氢氧化钠标准溶液：称取 2g 分析纯氢氧化钠，溶解在500mL煮沸后冷却的蒸馏水中。称取 0.5g 于105℃烘箱中烘干后的邻苯二甲酸氢钾两份，分别放入4滴酚酞指示剂，用配置的氢氧化钠标准溶液滴定到终点。再用去离子水做空白试验，并从滴定邻苯二甲酸氢钾的氢氧化钠溶液中扣除空白值。计算式如下：

$$M_{\text{NaOH}} = \frac{m \times 1000}{V_{\text{NaOH}} \times 204.3}$$

式中　m——邻苯二甲酸氢钾的质量，g；

V_{NaOH}——耗去的氢氧化钠溶液体积，mL。

1mol/L 氯化钡溶液：称取 62g $BaCl_2 \cdot 2H_2O$ 溶于500mL 去离子水中；

酚酞指示剂1%(体积质量)；

硫酸溶液 0.1mol/L；

土壤：风干后磨碎过 200 目（0.074mm）筛。

四、实验过程

（1）取4个洗净烘干且质量相近的 50mL 离心管，分别套在相应的称量架上，然后在天平上称出质量（m）（精确到 0.005g，以下同）。往其中的两个离心管中各加入1g左右的污灌区表层风干土壤，另外两个离心管中各加入1g左右的深层风干土壤，两个管及其相应的称量架均做好记号。

（2）从称量架上取下离心管，用量筒向各管中各加入 20mL 氯化钡溶液，加完后用玻璃棒搅拌管内容物4min。然后将4支离心管放入离心机内，以3000r/min 的转速离心，直到管内上层溶液澄清，下层土壤紧密结实为止。离心完毕后，倒尽上层溶液，然后再加入20mL 氯化钡溶液。重复上述步骤再交换一次，离心完毕后保留离心管内的土层。

（3）向离心管内倒入 20mL 蒸馏水，用玻璃棒搅拌管内容物 1min。再在离心机内离心，直到土壤全部沉积在管的底部、上层溶液至澄清为止。倒尽上层清液，将离心管连同管内土样一起放到天平上，称出各管的质量（G）。

（4）往离心管中移入 25mL 0.1mol/L 硫酸溶液，搅拌 10min 后放置 20min，然后离心沉降。离心完毕后，把管内清液分别倒入 4 个洗净烘干的试管内，再从 4 个试管中各移出 10mL 溶液至 4 个干净的 100mL 锥形瓶内。另分别移取 10mL 0.1mol/L 硫酸溶液至 2 个干净的 100mL 锥形瓶内。最后，在 6 个锥形瓶内各加入 10mL 去离子水和 1 滴酚酞指示剂，用标准氢氧化钠溶液滴定到红色刚好出现并于数分钟内不褪色为终点。10mL 0.1mol/L 硫酸溶液耗去的氢氧化钠溶液体积（A，mL）和样品消耗的氢氧化钠溶液的体积（B，mL），氢氧化钠的准确浓度（C，mol/L），连同以上的数据一起记录于表 3-13 中。

五、实验数据处理

按下式计算土壤阳离子的交换量（mmol/kg），并将结果填入表 3-13 中。

$$交换量 = \frac{\left(A \times 2.5 - B \times \frac{25 + m}{10}\right) \times C}{干土重} \times 1000$$

式中，A、B、C 代表的意义如上所述；m 为加硫酸前土壤的含水量（$m = G - W -$ 干土重）。

表 3-13　实验数据记录表

土　壤	表层土		深层土				1
	1	2	1	2			
干土重/g					A/mL		2
W/g							
G/g							平均
m/g							
B/mL							
交换量					C_{NaOH}		
平均交换量							

六、思考题

（1）根据实验数据说明两种土壤阳离子交换量差别的原因。

（2）本法是测定阳离子交换量的快速方法。除本法外，还有哪些方法可以采用？

（3）试述土壤的阳离子交换与吸附作用对污染物的迁移转化的影响。

实验十六　电位法测定茶叶中的微量氟

一、实验目的

(1) 用电位法测定茶叶中微量的氟。
(2) 初步了解氟与人体健康的关系。

二、实验原理

氟的化学性质活泼,常以多种形态分布于自然界各种物质中,并有分布不均匀的特性。还因为其安全范围很窄,既为人体必需,稍多则又会引起毒害作用,因此氟缺乏或氟过多均容易产生人体生理及病理的改变,影响人体健康。氟对牙齿及骨骼的形成和结构,以及钙和磷的代谢,也均有重要作用。适量的氟能被牙釉质中的羟磷灰石吸附,形成坚硬致密的氟磷灰石表面保护层,它能抗酸腐蚀,抑制嗜酸细菌的活性,并拮抗某些酶对牙齿的不利影响,发挥防龋齿的作用。适量的氟还有利于钙和磷的利用及在骨骼中的沉积,可加速骨骼的形成,增加骨骼的硬度。食物及饮水中缺氟可能会造成龋齿,老年人缺氟会影响钙和磷的利用,可致骨质松脆,发生骨折。但食物及饮水中氟化物过多可能会形成斑齿。

人体含氟的数量受环境(特别是水中)含氟量、食物含氟量、摄入量、年龄及其他金属(Al、Ca、Mg)含量的影响。一般认为,正常成年人体内共含氟2.6g,占体内微量元素的第三位,仅次于硅和铁。一般食品均含有微量的氟,大多数动物食品含氟量在 $1\mu g/g$ 左右,茶叶含氟量较多,而茶水是人们常用的饮料,因此测定茶叶中氟的含量,不仅有助于茶叶营养价值的评价,而且可以了解环境中氟化物的转移及植物体内的积累情况。

本实验采用电位法测定茶叶中可溶性氟的含量。测量时电池的图解可以表示为:

氟离子选择电极 | F⁻(试液) || 饱和甘汞电极

该电池的电动势为:

$$E = E_{甘汞} - E_{氟离子}$$

而 $E_{甘汞}$ 可视为常数,故得:

$$E = 常数 + 0.059\lg\frac{1}{\alpha_{F^-}} = 常数 - 0.059\lg\alpha_{F^-}$$

即电池的电动势与试液中氟离子活度的对数呈线性关系,这是应用离子选择型电极测定氟的理论和依据。

用氟电极测定氟离子时,最适宜的 pH 值范围为 5.5~6.5。pH 值过低,由于形成 HF,影响氟离子的活度;pH 值过高,可能由于单晶膜中 La^{3+} 的水解,形成 $La(OH)_3$,而影响电极的响应,故通常用 pH = 6 的柠檬酸缓冲液来控制溶液的

pH 值。Fe^{3+}、Al^{3+} 对测定有严重的干扰，加入大量的柠檬酸钠缓冲液可以消除它们的干扰。也有采用磺基水杨酸、环乙二胺四乙酸等为掩蔽剂，但其效果不如柠檬酸钠。此外，用离子选择性电极测量的是溶液中离子的活度，因此，必须控制试液和标准溶液的离子强度相同。大量柠檬酸钠的存在，还可以达到控制溶液离子强度的目的。

电位法测定氟有校正曲线法和标准加入法。

三、实验仪器与试剂

仪器：pHS-2 型酸度计，氟离子选择电极，饱和甘汞电极，电磁搅拌器，容量瓶 50mL，塑料小烧杯 100mL，吸量管 1mL、2mL、10mL，移液管 25mL，碘量瓶 150mL。

试剂：氯化钾标准溶液（0.1000mol/L）、pH = 6 的柠檬酸钠缓冲溶液（0.5mol/L）、盐酸（0.6mol/L）。

四、实验过程

（一）校正曲线法

1. 校正曲线的制作

取适量的氟化钾标准溶液于 50mL 容量瓶中，加入柠檬酸钠缓冲液 10mL，用蒸馏水稀释至刻度并摇匀，可得氟离子浓度分别为 1.00×10^{-2} mol/L、1.00×10^{-3} mol/L、1.00×10^{-4} mol/L、1.00×10^{-5} mol/L、1.00×10^{-6} mol/L 的标准溶液系列。将标准系列溶液由低到高浓度逐个转入塑料小烧杯中；然后插入指示电极和参比电极，搅拌溶液 1min，读取平衡电位值。在坐标纸上绘制 $E\text{-}lgC_{F^-}$ 图，得到校正曲线。

2. 茶叶中氟的测定

先将茶叶样品于 80℃ 在烘箱中恒温 10h，粉碎过 40 目（0.038mm）筛，密封备用。

称取上述样品 0.3~0.5g（精确到 0.0002g）两份，分别放入 150mL 碘量瓶中，加入 30mL 沸水，在 70℃ 水浴中恒温 30min，并不断摇动。取出冷却后，过滤至 50mL 容量瓶中，加 10mL 柠檬酸钠缓冲溶液，用蒸馏水稀释至刻度。然后转入塑料小烧杯中，插入电极，搅拌溶液约 1min，读取平衡电位值。根据所测试液的电位值，于校正曲线上查得其浓度，然后计算茶叶中氟的含量（以 μg/g 表示结果）。

（二）标准加入法

1. 实验原理

$$E = E_0 + S\lg \frac{c_x V_x + c_S V_S}{V_x + V_S} \tag{3-1}$$

式中 c_S——加入氟离子标准溶液的浓度;

       V_S——加入氯离子标准溶液的体积;

       c_x——试液中氟离子的浓度;

       V_x——试液体积;

       E_0——试液电位值;

       E——加入氟离子标准溶液后的电位值;

       S——能斯特斜率。

由式（3-1）得：

$$(V_x + V_S) \times 10^{E/S} = 10^{E_0/S}(c_x V_x + c_S V_S) \tag{3-2}$$

以 $(V_x + V_S) \times 10^{E/S}$ 对 V_S 作图为一直线，当直线延伸到 V_S 轴时，得 V_e，则：

$$c_x V_x + c_S V_e = 0 \tag{3-3}$$

所以，

$$c_x = \frac{c_S V_e}{V_x} \tag{3-4}$$

2. 茶叶中氟的测定

取一份按上述处理过的茶叶滤液，置于 100mL 干燥的塑料烧杯中，加入 285mL pH=6 的柠檬酸钠缓冲溶液，按照上述操作测定其电位值。然后依次加入 0.50mL、1.00mL、1.50mL、2.00mL 的 10^{-3} mol/L 氟离子标准溶液，并分别测定其电位值。作 $(V_x + V_S) \times 10^{E/S}$–$V_S$ 图，求得直线与 V_S 轴的交点 V_e，计算茶叶中氟的含量（以 $\mu g/g$ 表示）。

五、思考题

（1）校正曲线法和标准加入法各有什么优缺点？

（2）用离子选择电极测定溶液中的离子浓度时，为什么要控制溶液的离子强度？

（3）从环境化学的角度评价所测得的茶叶样品中的氟含量。

实验十七　金属元素在不同粒径的燃煤飞灰中的分布

一、实验目的

（1）了解飞灰的分级技术。

（2）确定不同粒径电厂燃煤飞灰中 Pd、Cd、Ni、Na 的分布。

二、实验原理

燃煤飞灰是大气颗粒物污染的主要来源之一。许多研究表明，某些有害元素随飞灰粒径不同有明显的差别。研究污染物随粒径的分布，搞清污染物在大气中的迁移过程，对人类的身体健康以及污染物的最后归宿有重要意义。

本实验以原子吸收法测定不同粒径飞灰中的 Pd、Cd、Ni、Na 为例，说明金属污染物随粒径的分布情况。

三、实验仪器与试剂

仪器：原子吸收分光光度计、飞灰分级筛、铂坩埚、100mL 容量瓶（8~10 个）。

试剂：Pd、Cd、Ni、Na 的标准储备液、浓盐酸（优质纯）、氢氟酸（优质纯）、高氯酸（70%）、去离子水。

飞灰样品：从电厂燃煤锅炉的除尘器中获取飞灰（由实验室准备）。

四、实验过程

（一）飞灰的分级

取 10g 飞灰，分别过筛进行筛分，使所得三份飞灰的粒径分别为 <10μm、10~50μm、≥50μm 三级。

（二）原子吸收测定的参考条件

原子吸收测定的参考条件如表 3-14 所示。

表 3-14　原子吸收测定的参考条件

测定元素	波长/m	空心阴极灯电流/mA	火焰状态	通带宽/nm	背景校正
Pd	2833×10^{-10}	4	空气-乙炔	0.2	
Cd	2288×10^{-10}	5	空气-乙炔	0.5	D_2 灯
Ni	2320×10^{-10}	5	空气-乙炔	0.2	D_2 灯
Na	5890×10^{-10} 5896×10^{-10}	5	空气-乙炔	0.2	

（三）样品溶解

将分离过的三份飞灰，每份称取 0.1g 左右（准确到 0.0001g），分别放入 30mL 铂坩埚中，加几滴水润湿；然后加 5mL 氢氟酸并小火加热，逐滴加入 $HClO_4$ 3mL，继续加热使之冒烟 2min，冷却，吸几滴盐酸洗下坩埚壁上的盐类。蒸发冒烟至盐类开始析出，冷却。加 20mL 5%（体积分数）的盐酸并加热使盐类完全溶解，然后转移到 50mL 容量瓶中，以去离子水稀释到刻度，待测定用。

（四）混合标准溶液配制

将标准储备液进行适当稀释，并使介质为 HCl（1%）、$HClO_4$（1.5%），达到表 3-15 中各元素的浓度。

表 3-15 混合标准系列中各元素的浓度　　　　　　（μg/mL）

元素	标 准 序 号				
	标 1（空白）	标 2	标 3	标 4	标 5
Pd	0	3.0	6.0	12.0	18.0
Cd	0	0.10	0.40	0.80	1.30
Ni	0	1.0	3.0	5.0	8.0
Na	0	0.10	0.30	0.50	0.80

（五）测定

在选定的仪器条件下，将样品、标准系列溶液一同测定，记录吸光度值。

五、实验数据处理

（1）将标准系列各点对应的元素浓度和吸光度绘制吸光度-浓度曲线。以样品所测吸光度在标准曲线上查出各元素的浓度，填入表 3-16 中。

（2）根据表 3-16 数据做出四种元素的粒径-含量分布图。

表 3-16 四种元素的粒径-含量分布

元素	粒　　径		
	<10μm	10~50μm	>50μm
Pd			
Cd			
Ni			
Na			

六、思考题

比较三组样品中 Pd、Cd、Ni、Na 的含量，排列它们的顺序，提出自己的看法。

七、附录

原子吸收分光光度计测量的基本原理与方法

原子吸收光谱法（atom absorption spectroscopy，AAS）具有灵敏度高、精密度高、选择性好、操作方便等特点。

原子吸收光谱定量分析法是基于含待测组分的原子蒸气对自己光源辐射出来的待测元素的特征谱线的吸收作用来进行定量分析的。定量分析的依据同样是朗伯-比尔定律，即物质在一定波长处的吸光度与它的浓度呈线性关系。一般选用校正曲线法和标准加入法进行定量分析（具体步骤详见实验十六，在此不再赘述）。

原子吸收分光光度计有单光束型和多光束型两类。其基本结构与一般的分光光度计相似，由光源、原子化系统、光路系统和检测系统等四个部分组成，如图 3-15 所示。

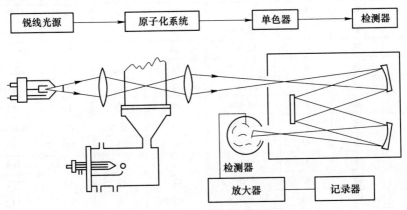

图 3-15 原子吸收分光光度计构造示意图

附　　录

附录1　元素周期表

原子序数	名称	符号	相对原子质量	原子序数	名称	符号	相对原子质量
1	氢	H	1.008	29	铜	Cu	63.546(3)
2	氦	He	4.0026	30	锌	Zn	65.38(2)
3	锂	Li	6.94	31	镓	Ga	69.723
4	铍	Be	9.0122	32	锗	Ge	72.630(8)
5	硼	B	10.81	33	砷	As	74.922
6	碳	C	12.011	34	硒	Se	78.971(8)
7	氮	N	14.007	35	溴	Br	79.904
8	氧	O	15.999	36	氪	Kr	83.798(2)
9	氟	F	18.998	37	铷	Rb	85.468
10	氖	Ne	20.180	38	锶	Sr	87.62
11	钠	Na	22.990	39	钇	Y	88.906
12	镁	Mg	24.305	40	锆	Zr	91.224(2)
13	铝	Al	26.982	41	铌	Nb	92.906
14	硅	Si	28.085	42	钼	Mo	95.95
15	磷	P	30.974	43	锝	Tc	(98)
16	硫	S	32.06	44	钌	Ru	101.07(2)
17	氯	Cl	35.45	45	铑	Rh	102.91
18	氩	Ar	39.95	46	钯	Pd	106.42
19	钾	K	39.098	47	银	Ag	107.87
20	钙	Ca	40.078(4)	48	镉	Cd	112.41
21	钪	Sc	44.956	49	铟	In	114.82
22	钛	Ti	47.867	50	锡	Sn	118.71
23	钒	V	50.942	51	锑	Sb	121.76
24	铬	Cr	51.996	52	碲	Te	127.60(3)
25	锰	Mn	54.938	53	碘	I	126.90
26	铁	Fe	55.845(2)	54	氙	Xe	131.29
27	钴	Co	58.933	55	铯	Cs	132.91
28	镍	Ni	58.693	56	钡	Ba	137.33

续表

原子序数	名称	符号	相对原子质量	原子序数	名称	符号	相对原子质量
57	镧	La	138.91	88	镭	Ra	(226)
58	铈	Ce	140.12	89	锕	Ac	(227)
59	镨	Pr	140.91	90	钍	Th	232.04
60	钕	Nd	144.24	91	镤	Pa	231.04
61	钷	Pm	(145)	92	铀	U	238.03
62	钐	Sm	150.36(2)	93	镎	Np	(237)
63	铕	Eu	151.96	94	钚	Pu	(244)
64	钆	Gd	157.25(3)	95	镅	Am	(243)
65	铽	Tb	158.93	96	锔	Cm	(247)
66	镝	Dy	162.50	97	锫	Bk	(247)
67	钬	Ho	164.93	98	锎	Cf	(251)
68	铒	Er	167.26	99	锿	Es	(252)
69	铥	Tm	168.93	100	镄	Fm	(257)
70	镱	Yb	173.05	101	钔	Md	(258)
71	镥	Lu	174.97	102	锘	No	(259)
72	铪	Hf	178.49(2)	103	铹	Lr	(262)
73	钽	Ta	180.95	104		Rf	(267)
74	钨	W	183.84	105		Db	(270)
75	铼	Re	186.21	106		Sg	(269)
76	锇	Os	190.23(3)	107		Bh	(270)
77	铱	Ir	192.22	108		Hs	(270)
78	铂	Pt	195.08	109		Mt	(278)
79	金	Au	196.97	110		Ds	(281)
80	汞	Hg	200.59	111		Rg	(281)
81	铊	Tl	204.38	112		Cn	(285)
82	铅	Pb	207.2	113		Nh	(286)
83	铋	Bi	208.98	114		Fl	(289)
84	钋	Po	(209)	115	镆	Mc	(289)
85	砹	At	(210)	116		Lv	(293)
86	氡	Rn	(222)	117		Ts	(293)
87	钫	Fr	(223)	118		Og	(294)

注：1. 相对原子质量引自 IUPAC 相对原子质量表（2018），删节至五位有效数字，其后括号内为末尾数的准确度。

　　2. 相对原子质量：稳定元素列有其在自然界存在的同位素的质量数；加括号的是放射性元素半衰期最长的同位素的质量数。

附录 2　常用酸碱的浓度和密度

在溶液配制过程中，往往需要有关酸碱溶液的密度、物质的量浓度等。下表给出几种常用酸碱的浓度及密度，表中 m 为质量分数（%），d 为密度（g/cm^3），c_m 为物质的量浓度（mol/L）。

附表 2-1　盐酸的浓度及密度

m	d	c_m	m	d	c_m	m	d	c_m
3	1.0130	0.833	18	1.0878	5.369	30	1.1492	9.454
5	1.0228	1.402	20	1.0980	6.022	32	1.159.4	10.173
7	1.0328	1.982	21	1.1083	6.686	34	1.1693	10.901
9	1.0328	2.573	24	1.1185	6.686	36	1.1791	11.639
12	1.0576	3.480	26	1.1288	8.047	38	1.1886	12.385
15	1.0726	4.412	28	1.1391	8.745	40	1.1977	13.137

附表 2-2　硝酸的浓度及密度

m	d	c_m	m	d	c_m	m	d	c_m
10	1.0543	1.673	68	1.4048	15.2	90	1.4826	21.2
20	1.1150	3.538	72	1.4218	16.3	92	1.4873	21.7
30	1.1801	5.618	76	1.4375	17.3	94	1.4912	22.3
40	1.2466	7.913	80	1.4521	18.4	96	1.4592	22.8
50	1.3100	10.4	84	1.4665	19.5	98	1.5008	23.3
60	1.6337	13.0	88	1.4773	20.6	100	1.5129	24.0

附表 2-3　硫酸的浓度及密度

m	d	c_m	m	d	c_m	m	d	c_m
5	1.0318	0.526	40	1.3028	5.313	74	1.6574	12.505
10	1.0661	1.087	44	1.3386	6.005	80	1.7272	14.088
15	101020	1.685	50	1.3952	7.113	84	1.7693	15.153
20	1.1398	2.324	54	1.4351	7.901	90	1.8144	16.650
24	1.1714	2.866	60	1.4987	9.168	94	1.8312	17.550
30	1.2191	3.729	64	1.5421	10.062	98	1.8361	18.346
34	1.2518	4.339	70	1.6105	11.495	100	1.8305	18.663

附表 2-4　氨水的浓度及密度

m	d	c_m	m	d	c_m	m	d	c_m
2	0.9895	1.162	11	0.9538	6.161	18	0.9294	9.823
4	0.9811	2.304	12	0.9502	6.690	20	0.9228	10.838
6	0.9730	3.428	13	0.9466	7.226	22	0.9164	11.839
8	0.9651	4.534	14	0.9431	7.753	24	0.9102	12.827
9	0.9613	5.080	15	0.9396	8.276	28	0.8980	14.746
10	0.9575	5.623	16	0.9361	8.795	30	0.8920	15.713

附表 2-5　氢氧化钠的浓度及密度

m	d	c_m	m	d	c_m	m	d	c_m
2	1.0207	0.510	14	1.1530	1.034	40	1.4299	14.295
4	1.0428	1.043	20	1.2192	6.094	42	1.4494	15.214
6	1.0648	1.597	24	26.000	1.2848	44	1.4685	16.148
8	1.0869	2.173	30	1.3277	9.956	46	1.4873	17.101
10	1.1089	2.772	34	1.3697	11.639	48	1.5065	18.073
12	1.1309	3.392	38	1.3901	12.508	50	1.5253	19.063

附表 2-6　氢氧化钾的浓度及密度

m	d	c_m	m	d	c_m	m	d	c_m
5	1.0330	0.736	24	1.2210	5.223	38	1.3661	9.252
10	1.0873	1.938	26	1.2408	5.750	40	1.3881	9.896
12	1.1059	2.356	28	1.2609	6.292	42	1.4104	10.558
15	1.1341	3.032	30	1.2813	6.851	44	1.4331	11.238
17	1.1531	3.493	32	1.3020	7.425	46	1.4560	11.936
20	1.1818	4.212	34	1.3230	8.017	48	1.4791	12.658
22	1.2014	4.710	36	1.3444	8.626	50	1.5024	13.328

附表 2-7　醋酸的浓度及密度

m	d	c_m	m	d	c_m	m	d	c_m
5	1.0052	0.837	26	1.0323	4.470	50	1.0565	8.794
8	1.0093	1.345	30	1.0369	5.180	56	1.0605	59.890
12	1.0147	2.028	32	1.0391	5.537	60	1.0629	10.620
15	1.0187	2.545	36	1.0434	6.255	64	1.0650	11.350
18	1.0225	3.065	40	1.0474	6.977	70	1.0673	12.441
20	1.0250	3.414	42	1.0498	7.339	74	1.0678	13.158
22	1.0275	3.746	46	1.0528	8.065	80	1.0680	14.227

附表 2-8　过氧化氢的浓度及密度

m	d	c_m	m	d	c_m	m	d	c_m
1	1.0022	0.295	14	1.0499	4.321	35	1.1327	11.655
2	1.0058	0.591	16	1.0574	4.974	40	1.1536	13.566
4	1.0131	1.191	18	1.0649	5.635	45	1.1749	15.548
6	1.0204	1.800	20	1.0725	6.306	50	1.1966	17.590
8	1.0277	2.417	22	1.0828	6.987	60	1.2416	21.901
10	1.0351	3.043	24	1.0880	7.677	70	1.2897	26.541
12	1.0425	3.678	30	1.1122	9.809	80	1.3406	31.530

附录3　危险品的分类、性质和管理

危险品指危害人类健康和威胁人类安全的化学物质。危险品为受光、电、热、撞击等外界因素的作用或与空气、水或其他物质混合后，可能引起燃烧或爆炸的药品，或具有强腐蚀性、剧毒性的药品。

危险品的分类标准并不唯一，一般将危险品分为9类：（1）爆炸物；（2）高压气体；（3）易燃液体；（4）可燃性固体；（5）氧化性物质及有机过氧化物；（6）有毒性物质；（7）放射性物质；（8）腐蚀性物质；（9）其他物质。

附表3-1　一些危险品的分类及注意事项

类别		化 合 物	引发危险的因素或物质	注意事项
爆炸品		硝酸铵、苦味酸、三硝基甲苯（TNT）、氯酸钾、硝基苯、叠氮化合钠、叠氮化合铅、乙炔银等	遇高热、摩擦、撞击或电火花等作用，引起剧烈反应，放出大量的热，体积剧烈膨胀，产生猛烈爆炸	存放阴凉处，远离热源。轻拿、轻放，不得撞击
易燃品	易燃液体	石油醚、二硫化碳、戊烷、丙酮、乙醚、乙醇、苯等溶剂、液化石油气、松节、甘油等	沸点低、易挥发，与空气或氧气混合后遇火极易燃烧，甚至爆炸	存放阴凉处，远离热源。使用时注意通风，不得有明火
	易燃固体	镁、铝粉、松香、乙醇钠、磷、硫、萘、硝化纤维等	燃点低，受热、撞击或遇氧化剂可引起剧烈连续燃烧和爆炸	存放阴凉处，远离热源。使用时注意通风，不得有明火
	易燃气体	氢气、乙炔、甲烷、乙烷、一氧化碳、硫化氢、二氧化硫等	因撞击、受热或电火花作用引起燃烧。与空气按一定比例混合，则会爆炸	用时注意通风，避免明火和电火花
	遇水易燃品	钠、钾、钙、碳化钙、锌粉、三乙基硼、四氟化硅、五氯化磷、磷化钙等	遇水剧烈反应，产生可燃气体并放出热量，此反应热会引起燃烧	钠、钾、钙应保存于煤油中，切勿与水接触。其他应密闭保存
	自燃物品	磷、乙醇钠、氨基钠等	在适当温度下易被空气氧化、放热，热量积累到一定程度发生自燃	保存于水中
氧化剂		硝酸钾、氯酸钾、过氧化氢、过氧化钠、高锰酸钾	具有强氧化性，遇酸，受热，与有机物、易燃品、还原剂等混合时，因反应引起燃烧或爆炸	不得与易燃品、爆炸品、还原剂等一起存放

续附表 3-1

类别	化 合 物	引发危险的因素或物质	注意事项
剧毒品	氰化物、三氧化二砷、升汞、氯化钡、氰化氢气体、放射性元素及化合物等	剧毒，少量侵入人体（误食、接触伤口或吸入）即可引起中毒，甚至死亡	剧毒品应专人、专柜保管，现用现领，及时登记。剩余剧毒品及时交回保管人员
腐蚀性物品	强酸、强碱、氟化氢、溴、苯酚等	具有强腐蚀性，触及人体皮肤时会引起化学烧伤	不要与氧化剂、爆炸品放在一起

附表 3-2　实验室应慎重处理的物质

物 质 名 称 主要物质	相互作用的物质	引起事故的因素或物质	导致的结果
发烟硫酸	有机物质（如松节油、香精等）	相互作用	燃烧
发烟硝酸	碘化氢	相互作用	燃烧
发烟硝酸	硫化氢	相互作用	爆炸
铝粉	氧化剂	撞击	爆炸
氨（氨水）	氯、碘	相互作用	爆炸
丙酮	过氧化氢	相互作用	爆炸
苯	高氯酸、臭氧、氧	相互作用	燃烧
溴酸盐	硫酸、硫、磷、有机物	摩擦、撞击，加热	燃烧
丙酮（蒸气）	空气	火花	爆炸
碘	氨	相互作用	爆炸
钾	水	相互作用	燃烧
钾	二硫化碳	摩擦、加压	爆炸
硫	过氧化铅、氯酸盐	撞击、加热	爆炸
硝酸银	乙醇	加热	爆炸
硫化氢	空气	火花、火焰	燃烧
硫化氢	发烟硫酸	火花、火焰	爆炸
乙醇	高氯酸、高锰酸	火花、火焰	爆炸
一氧化碳	空气	火花、火焰	燃烧或爆炸
乙醇	过氧化钠、硝酸、铬酸	相互作用	爆炸
黄磷	氧化剂、过氧化物、强酸	相互作用	爆炸
红磷	氯酸钾	相互作用	爆炸
石油醚	高锰酸钾	浓硫酸	燃烧
甲醛	过氧化钠	相互作用	燃烧
氯酸盐	硫酸	相互作用	燃烧

附录 4　溶剂的危害性和产生毒性作用的浓度

在无机化学实验教学中，经常会用到相关溶剂。至今，除了水之外，人们尚未发现一种不燃烧、不爆炸、无毒、对皮肤无伤害的理想溶剂。无着火爆炸危险的溶剂往往对生理有毒害作用，而生理无毒害作用的溶剂却很容易着火。因此，我们应该把溶剂看作和一般化学药品一样，是有毒、有害的。特别是挥发性溶剂，其蒸气带来的毒性、易燃性和爆炸性更是不可忽略。即使挥发性不强的溶剂，直接接触也是有害的。

溶剂毒性的分类并不唯一，根据溶剂对健康的损坏，可将溶剂分为以下几类：

（1）无害溶剂。这类溶剂包括：1）基本上无毒害、长时间使用对健康几乎没有什么影响的溶剂，如戊烷、石油醚、轻质汽油、己烷、庚烷、乙醇、乙酸、乙酸乙酯等；2）稍有毒性的溶剂，但由于溶剂的挥发性低，在普通条件下使用基本无危险，如乙二醇、丁二醇、邻苯二甲酸二甲酯。

（2）稍有毒害的溶剂。这类溶剂的毒性不大，在最大允许浓度下短时间接触，不会产生重大危害，如甲苯、二甲苯、环己烷、戊醇、环氧乙烷、硝基乙烷、三氯乙烯等。

（3）有害溶剂。这类溶剂除了在极低的浓度下无毒害作用外，即使短时间接触也是有害的，如苯、二硫化碳、四氯化碳、甲醇、乙醛、苯酚等。

附表 4-1　一些溶剂产生毒性作用的浓度　　　　　　　　（mg/m³）

溶剂蒸气	出现不愉快感觉的浓度	60min 对人体产生剧毒时的浓度	溶剂蒸气	出现不愉快感觉的浓度	60min 对人体产生剧毒时的浓度
乙酸	50	500	四氯乙烷	70	350
乙酸乙酯	1464	7326	四氯化碳	320	12800
乙酸甲酯	308	1540	甲苯	383	3830
乙醇	1914	15312	甲醇	256	2500
乙醚	1539	24624	异丙醇	366	4995
乙醛	366	1830	异戊醇	12	1404
丁醇	154	3080	环己烷	1398	6990
二氯乙烯	2018	8072	苯	160	4800
二硫化碳	32	1600	氯乙烷	5366	26830
丙酮	356	9650	氯仿	249	9960

附录5　某些试剂的配制方法

试　剂	浓度	配　制　方　法
二苯胺溶液	10g/L	将1g二苯胺在搅拌下溶于100mL密度为1.84g/cm³的硫酸或100mL密度为1.70g/cm³的磷酸中，该溶液可长期保存
三氯化铋溶液	0.1mol/L	取31.6g三氯化铋溶于330mL浓度为6mol/L的盐酸中，加水稀释到1000mL
三氯化锑溶液	0.1mol/L	取22.8g三氯化锑溶于330mL浓度为6mol/L的盐酸中，加水稀释到1000mL
亚硝基五氰合铁酸钠溶液	0.3mol/L	将10g $Na_2[Fe(CN)_5(NO)]$溶于100mL水中。溶液需保存在棕色瓶中。如果溶液变绿，表明溶液失效
六硝基合钴酸钠溶液		将230g亚硝酸钠溶于500mL水中，加入165mL 6mol/L的醋酸和30g $Na_3[Co(NO_2)_6]\cdot6H_2O$，放置24h，取其清液，稀释至1000mL，保存在棕色瓶中。溶液应为橙色，若变成红色，表示已分解，需要重新配制
打萨宗（二苯缩氨硫脲）	0.1g/L	将0.1g打萨宗溶于1000mL四氯化碳或三氯甲烷中
甲基红试剂	2g/L	将2g甲基红溶于1000mL 60%的乙醇中
甲基橙试剂	1g/L	将1g甲基橙溶于1000mL水中
石蕊试剂		将2g石蕊溶于50mL水中，放置一昼夜后过滤。在滤液中加30mL 95%乙醇，稀释至100mL
奈氏试剂		将115g HgI_2和80g KI溶于水，加50mL浓氨水，用水稀释至1000mL
品红溶液	10g/L	将1g品红溶于100mL水中
格里斯试剂		溶液Ⅰ：在加热条件下，将0.5g对氨基苯磺酸溶于50mL 30%的醋酸中；溶液Ⅱ：将0.4g α-萘胺与100mL水混合煮沸，从蓝色渣中倾倒出的无色溶液中加入6mL 80%的醋酸。使用前，将溶液Ⅰ和溶液Ⅱ等体积混合均匀即可
氨-氯化氨缓冲溶液		将20g氯化铵溶于适量水中，加入100mL密度为0.9g/cm³氨水中，混合均匀后稀释至1000mL，即得pH=10的缓冲溶液
钼酸铵溶液	0.1mol/L	先将124g $(NH_4)_6Mo_7O_{24}\cdot4H_2O$溶于1000mL水中，然后倒入1000mL 6mol/L硝酸中，放置24h，取其澄清液
铁氰化钾		取铁氰化钾0.7~1g溶于水，稀释到100mL。该溶液应使用前临时配制

续附表

试 剂	浓度	配 制 方 法
偏锑酸钠	0.1mol/L	将12.2g锑粉加在50mL浓硝酸中微热,使锑粉全部成粉末,洗涤数次后,加入50mL 6mol/L的氢氧化钠,使溶解,稀释至1000mL
淀粉溶液	1%	将1g淀粉用少量冷水调成糊状,倒入100mL沸水中搅拌,煮沸后冷却
酚酞试剂	1%	将1g酚酞溶于90mL 95%乙醇中,再与10mL水混合
铬黑T试剂	1%	将铬黑T和烘干的氯化钠按1∶100比例混合、研细,贮于棕色瓶中
氯化亚锡溶液	0.1mol/L	将22.6g $SnCl_2 \cdot 2H_2O$ 溶于330mL浓度为6mol/L的盐酸中,加水稀释到1000mL
硝酸亚汞溶液	0.1mol/L	将56.1g $Hg_2(NO_3)_2 \cdot 2H_2O$ 溶于1000mL浓度为0.6mol/L的硝酸中,并加入少许汞
硝酸汞溶液	0.1mol/L	将33.4g $Hg(NO_3)_2 \cdot 0.5H_2O$ 溶于1000mL浓度为6mol/L的盐酸中
硫化钠溶液	1.0mol/L	将240g $Na_2S \cdot 9H_2O$ 和40g氢氧化钠溶于水中,稀释至1000mL
硫酸亚铁溶液	0.5mol/L	将69.5g $FeSO_4 \cdot 7H_2O$ 溶于适量热水中,加入5mL浓度为18mol/L硫酸中,再用水稀释到1000mL,置入铁钉数枚
硫酸铵溶液	饱和	将50g硫酸铵溶于热水,冷却后过滤
溴水溶液	饱和	在水中滴加液溴至饱和
溴甲酚蓝（溴甲酚绿）试剂		将0.1g溴甲酚蓝与2.9mL浓度为0.05mol/L的NaOH搅匀,用水稀释至250mL;或将1g溴甲酚蓝溶于1000mL 20%的乙醇中
碘溶液	0.01mol/L	将1.3g碘和碘化钾溶于尽可能少的水中,加水稀释至1000mL
碳酸铵溶液	1.0mol/L	将96g研细的碳酸铵溶于1000mL浓度为2mol/L的氨水中
镁试剂		将0.01g对硝基苯偶氮间苯二酚溶于1000mL浓度为1mol/L的氢氧化钠中
镍试剂		将10g二乙酰二肟（镍试剂）溶于1000mL 95%的酒精中

附录6　常用酸碱指示剂

指 示 剂	pH 值变色范围	酸色	碱色	配 制 方 法
甲基橙	3.1~4.4	红	黄	0.1%的水溶液
甲基红	4.4~6.2	红	黄	0.1%的60%酒精溶液或其钠盐的水溶液
溴百里酚蓝	6.0~7.6	黄	蓝	0.1%的20%酒精溶液或其钠盐的水溶液
酚红	6.4~8.0	黄	红	0.1%的20%酒精溶液或其钠盐的水溶液
酚酞	8.2~10.0	无	红	0.1%的60%酒精溶液
百里酚酞	9.4~10.6	无	蓝	0.1%的90%酒精溶液

附录 7　化学实验室用水规格

根据中华人民共和国国家标准 GB/T 6682—2008《分析实验室用水规格和试验方法》，化学实验室用水分为三个级别：一级水、二级水和三级水，如附表 7-1 所示。分析要求不同，对水质纯度的要求也不同。

附表 7-1　实验室用水水质规格

项　　目		一级	二级	三级
pH 值范围(25℃)		—	—	5.0~7.5
电导率(25℃)/mS·m⁻¹	≤	0.01	0.10	0.50
可氧化物质(以 O 计)/mg·L⁻¹	<	—	0.08	0.4
吸光度(254nm,1cm 光程)	≤	0.001	0.01	—
蒸发残渣(105℃±2℃)/mg·L⁻¹	≤	—	1.0	2.0
可溶性硅(以 SiO₂ 计)/mg·L⁻¹	<	0.01	0.02	—

注：1. 在一级水、二级水纯度下，难以测定其真实的 pH 值，因此，对一级水、二级水的 pH 值范围不做规定。

2. 一级水、二级水的电导率需用新制备的水"在线"测定。

3. 在一级水的纯度下，难于测定可氧化物质和蒸发残渣，对其限量不做规定。可用其他条件和制备方法来保证一级水的质量。

附录 8　伯瑞坦-罗宾森（Britton-Robinson）缓冲溶液

由磷酸、硼酸和醋酸混合，向其中加入不同量的氢氧化钠可以组成 pH 1.8~11.9 的缓冲溶液。在 100mL 三酸（磷酸、乙酸、硼酸，浓度均为 0.04mol/L）混合液中，加入附表 8-1 中指定体积的 0.2mol/L NaOH，即得表中相应 pH 值的缓冲溶液。

附表 8-1　Britton-Robinson 缓冲溶液配制表

NaOH/mL	0.0	2.5	5.0	7.5	10.0	12.5	15.0	17.5	20.0	22.5
pH 值	1.81	1.89	1.98	2.09	2.21	2.36	2.56	2.87	3.29	3.78
NaOH/mL	25.0	27.5	30.0	32.5	35.0	37.5	40.0	42.5	45.0	47.5
pH 值	4.10	4.35	4.56	4.78	5.02	5.33	5.72	6.09	6.37	6.59
NaOH/mL	50.0	52.5	55.0	57.5	60.0	62.5	65.0	67.5	70.0	72.5
pH 值	6.8	7.00	7.24	7.54	7.96	8.36	8.69	8.95	9.15	9.37
NaOH/mL	75.0	77.5	80.0	82.5	85.0	87.5	90.0	92.5	95.0	97.5
pH 值	9.62	9.91	10.38	10.88	11.2	11.4	11.58	11.7	11.82	11.92

附录9　弱酸弱碱解离常数

名　称	温度/℃	离解常数 K_a	pK_a
硼酸 H_3BO_3	20	$K_a = 5.7\times10^{-10}$	9.24
氢氰酸 HCN	25	$K_a = 6.2\times10^{-10}$	9.21
碳酸 H_2CO_3	25	$K_{a1} = 4.2\times10^{-7}$ $K_{a2} = 5.6\times10^{-10}$	6.38 10.25
氢氟酸 HF	25	$K_a = 3.5\times10^{-4}$	3.46
次氯酸 HClO	18	$K_a = 2.95\times10^{-8}$	7.53
亚硝酸 HNO_2	25	$K_a = 4.6\times10^{-10}$	3.37
磷酸 H_3PO_4	25	$K_{a1} = 7.6\times10^{-10}$ $K_{a2} = 6.3\times10^{-8}$ $K_{a3} = 4.4\times10^{-13}$	2.12 7.20 12.36
氢硫酸 H_2S	25	$K_{a1} = 1.3\times10^{-7}$ $K_{a2} = 7.1\times10^{-15}$	6.89 14.15
亚硫酸 H_2SO_3	18	$K_{a1} = 1.5\times10^{-2}$ $K_{a2} = 1.0\times10^{-7}$	1.82 7.00
硫酸 H_2SO_4	25	$K_{a2} = 1.0\times10^{-2}$	1.99
甲酸 HCOOH	20	$K_a = 1.8\times10^{-4}$	3.74
乙酸 CH_3COOH	20	$K_a = 1.8\times10^{-5}$	4.74
柠檬酸 $C_6H_8O_7$	18	$K_{a1} = 7.4\times10^{-4}$ $K_{a2} = 1.7\times10^{-5}$ $K_{a3} = 4.0\times10^{-7}$	3.13 4.76 6.40
氨水 $NH_3 \cdot H_2O$	25	$K_b = 1.8\times10^{-5}$	4.74
乙二胺 $H_2NCH_2CH_2NH_2$	25	$K_{b1} = 8.5\times10^{-5}$ $K_{b2} = 7.1\times10^{-8}$	4.07 7.15
六次甲基四胺 $(CH_2)_6N_4$	25	$K_b = 1.4\times10^{-9}$	8.85

附录10　标准电极电位（298.15K）

电　对	电对平衡式：氧化态+ne^- ⇌ 还原态	$\varphi^\ominus$/V
Li^+/Li	$Li^+(aq)+e^- \rightleftharpoons Li(s)$	-3.0401
K^+/K	$K^+(aq)+e^- \rightleftharpoons K(s)$	-2.931
Ba^{2+}/Ba	$Ba^{2+}(aq)+2e^- \rightleftharpoons Ba(s)$	-2.912
Ca^{2+}/Ca	$Ca^{2+}(aq)+2e^- \rightleftharpoons Ca(s)$	-2.868
Na^+/Na	$Na^+(aq)+e^- \rightleftharpoons Na(s)$	-2.71
Mg^{2+}/Mg	$Mg^{2+}(aq)+2e^- \rightleftharpoons Mg(s)$	-2.372
Al^{3+}/Al	$Al^{3+}(aq)+3e^- \rightleftharpoons Al(s)$	-1.662
Ti^{2+}/Ti	$Ti^{2+}(aq)+2e^- \rightleftharpoons Ti(s)$	-1.630
Mn^{2+}/Mn	$Mn^{2+}(aq)+2e^- \rightleftharpoons Mn(s)$	-1.185
Zn^{2+}/Zn	$Zn^{2+}(aq)+2e^- \rightleftharpoons Zn(s)$	-0.7618
Cr^{3+}/Cr	$Cr^{3+}(aq)+3e^- \rightleftharpoons Cr(s)$	-0.744
$Fe(OH)_3/Fe(OH)_2$	$Fe(OH)_3(s)+e^- \rightleftharpoons Fe(OH)_2(s)+OH^-(aq)$	-0.56
S/S^{2-}	$S(s)+2e^- \rightleftharpoons S^{2-}(aq)$	-0.4763
Cd^{2+}/Cd	$Cd^{2+}(aq)+2e^- \rightleftharpoons Cd(s)$	-0.403
$PbSO_4/Pb$	$PbSO_4(s)+2e^- \rightleftharpoons Pb(s)+SO_4^{2-}(aq)$	-0.3588
Co^{2+}/Co	$Co^{2+}(aq)+2e^- \rightleftharpoons Co(s)$	-0.28
H_3PO_4/H_3PO_3	$H_3PO_4(aq)+2H^+(aq)+2e^- \rightleftharpoons H_3PO_3(aq)+H_2O(l)$	-0.276
Ni^{2+}/Ni	$Ni^{2+}(aq)+2e^- \rightleftharpoons Ni(s)$	-0.257
AgI/Ag	$AgI(s)+e^- \rightleftharpoons Ag(s)+I^-(aq)$	-0.1522
Sn^{2+}/Sn	$Sn^{2+}(aq)+2e^- \rightleftharpoons Sn(s)$	-0.1375
Pb^{2+}/Pb	$Pb^{2+}(aq)+2e^- \rightleftharpoons Pb(s)$	-0.1262
H^+/H_2	$2H^+(aq)+2e^- \rightleftharpoons H_2(g)$	0
$AgBr/Ag$	$AgBr(s)+e^- \rightleftharpoons Ag(s)+Br^-(aq)$	0.071
Sn^{4+}/Sn^{2+}	$Sn^{4+}(aq)+2e^- \rightleftharpoons Sn^{2+}(aq)$	0.151
Cu^{2+}/Cu^+	$Cu^{2+}(aq)+e^- \rightleftharpoons Cu^+(aq)$	0.153
$AgCl/Ag$	$AgCl(s)+e^- \rightleftharpoons Ag(s)+Cl^-(aq)$	0.222
Hg_2Cl_2/Hg	$Hg_2Cl_2(s)+2e^- \rightleftharpoons 2Hg(l)+2Cl^-(aq)$	0.268
Cu^{2+}/Cu	$Cu^{2+}(aq)+2e^- \rightleftharpoons Cu(s)$	0.3419
$[Fe(CN)_6]^{3-}/[Fe(CN)_6]^{4-}$	$[Fe(CN)_6]^{3-}(aq)+e^- \rightleftharpoons [Fe(CN)_6]^{4-}(aq)$	0.36
O_2/OH^-	$O_2(g)+2H_2O(l)+4e^- \rightleftharpoons 4OH^-(aq)$	0.401
Cu^+/Cu	$Cu^+(aq)+e^- \rightleftharpoons Cu(s)$	0.521

电　对	电对平衡式：氧化态$+ne^-\rightleftharpoons$还原态	$\varphi^{\ominus}/V$
I_2/I^-	$I_2(s)+2e^-\rightleftharpoons 2I^-(aq)$	0.5355
MnO_4^-/MnO_4^{2-}	$MnO_4^-(aq)+e^-\rightleftharpoons MnO_4^{2-}(aq)$	0.558
MnO_4^-/MnO_2	$MnO_4^-(aq)+2H_2O(1)+3e^-\rightleftharpoons MnO_2(s)+4OH^-(aq)$	0.595
BrO_3^-/Br^-	$BrO_3^-(aq)+3H_2O(1)+6e^-\rightleftharpoons Br^-(aq)+6OH^-(aq)$	0.61
O_2/H_2O_2	$O_2(g)+2H^+(aq)+2e^-\rightleftharpoons H_2O_2(aq)$	0.695
Fe^{3+}/Fe^{2+}	$Fe^{3+}(aq)+e^-\rightleftharpoons Fe^{2+}(aq)$	0.771
Ag^+/Ag	$Ag^+(aq)+e^-\rightleftharpoons Ag(s)$	0.7996
ClO^-/Cl^-	$ClO^-(aq)+H_2O(1)+2e^-\rightleftharpoons Cl^-(aq)+2OH^-(aq)$	0.841
NO_3^-/NO	$NO_3^-(aq)+4H^+(aq)+3e^-\rightleftharpoons NO(g)+2H_2O(1)$	0.957
Br_2/Br^-	$Br_2(1)+2e^-\rightleftharpoons 2Br^-(aq)$	1.066
IO_3^-/I_2	$2IO_3^-(aq)+12H^+(aq)+10e^-\rightleftharpoons I_2(s)+6H_2O(1)$	1.20
MnO_2/Mn^{2+}	$MnO_2(s)+4H^+(aq)+2e^-\rightleftharpoons Mn^{2+}(aq)+2H_2O(1)$	1.224
O_2/H_2O	$O_2(g)+4H^+(aq)+4e^-\rightleftharpoons 2H_2O(1)$	1.229
$Cr_2O_7^{2-}/Cr^{3+}$	$Cr_2O_7^{2-}(aq)+14H^+(aq)+6e^-\rightleftharpoons 2Cr^{3+}(aq)+7H_2O(1)$	1.232
O_3/OH^-	$O_3(g)+H_2O(1)+2e^-\rightleftharpoons O_2(g)+2OH^-(aq)$	1.24
Cl_2/Cl^-	$Cl_2(g)+2e^-\rightleftharpoons 2Cl^-(aq)$	1.358
PbO_2/Pb^{2+}	$PbO_2(s)+4H^+(aq)+2e^-\rightleftharpoons Pb^{2+}(aq)+2H_2O(1)$	1.455
MnO_4^-/Mn^{2+}	$MnO_4^-(aq)+8H^+(aq)+5e^-\rightleftharpoons Mn^{2+}+4H_2O(1)$	1.507
$HBrO/Br_2$	$2HBrO(aq)+2H^+(aq)+2e^-\rightleftharpoons Br_2(1)+2H_2O(1)$	1.596
$HClO/Cl_2$	$2HClO(aq)+2H^+(aq)+2e^-\rightleftharpoons Cl_2(g)+2H_2O(1)$	1.611
H_2O_2/H_2O	$H_2O_2(aq)+2H^+(aq)+2e^-\rightleftharpoons 2H_2O(1)$	1.776
$S_2O_8^{2-}/SO_4^{2-}$	$S_2O_8^{2-}(aq)+2e^-\rightleftharpoons 2SO_4^{2-}(aq)$	2.010
O_3/H_2O	$O_3(g)+2H^+(aq)+2e^-\rightleftharpoons O_2(g)+H_2O(1)$	2.076
F_2/F^-	$F_2(g)+2e^-\rightleftharpoons 2F^-(aq)$	2.866

参 考 文 献

[1] 天津大学无机化学教研室. 无机化学 [M].5 版. 北京：高等教育出版社，2018.

[2] 陈寿春. 重要无机化学反应 [M].2 版. 上海：上海科学技术出版社，1984.

[3] 北京师范大学无机化学教研室，等. 无机化学（下册）[M].4 版. 北京：高等教育出版社，2002.

[4] 吴茂英，郝志峰. 微型无机化学实验 [M].3 版. 北京：化学工业出版社，2021.

[5] 李巧云，张钱丽. 无机及分析化学实验 [M].2 版. 南京：南京大学出版社，2016.

[6] 韩选利，张良，陈双莉. 无机化学实验 [M]. 北京：高等教育出版社，2014.

[7] 董德明，花修艺，康春莉. 环境化学实验 [M]. 北京：北京大学出版社，2010.

[8] 天津大学物理化学教研室. 物理化学 [M].6 版. 北京：高等教育出版社，2017.

[9] 李保会. 新编分析化学 [M]. 北京：北京工业大学出版社，2017.